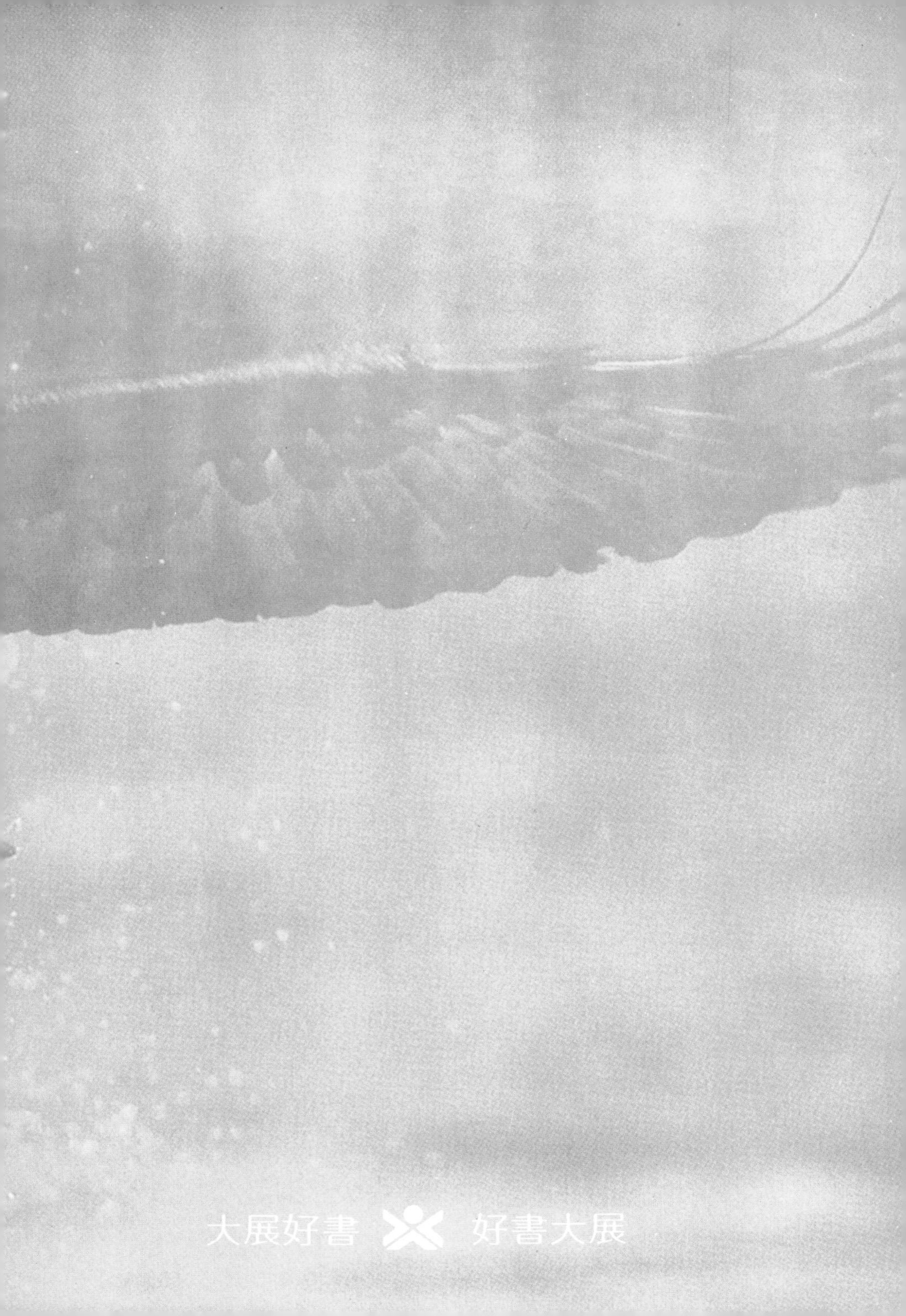
大展好書 好書大展

大展好書 好書大展

家庭醫學保健
36

自我
瘦身美容

馬野詠子／著
劉小惠／譯

目錄

序章　完全改變

最新皮膚醫學的肌膚護理革命
——發現促進皮下組織、皮膚細胞活性化的醫學重點

第一章 肌膚的斑點、皺紋等問題始於錯誤的護理

——看似了解但事實上卻不了解自己肌膚的特質

第三章 消除問題肌的特效美容
——面皰、斑點、紅臉、過敏、皺紋的好消息

第四章　有效的特殊美容一分鐘實踐法

——利用一點刺激改變你

序　章

完全改變
最新皮膚醫學的肌膚護理革命

——發現促進皮下組織、皮膚細胞活性化的醫學重點

一次家庭美容的驚人效果

●陷凹或凹凸不平的面皰痕跡不可能復原。
●天生粗糙的紋理無法變得細緻。
●額頭的毛細孔無法緊縮。
●雀斑與斑點不同，無法去除。

這四項，包括皮膚科在內，一般人認為「這是絕對治不好的」。但是，身為皮膚科醫師的我，自從導入治療美容方法之後，這一切都將迎刃而解了。

亦即面皰痕完全消失，變得平坦，不僅是紋理細緻，連毛細孔也變得不明顯，斑點、雀斑部分或完全地消失了。

這些不光只是「治療」的成果。正確地說，應該是「醫學美容」（基於皮膚醫學的美容）所展現的效果。

不需要花很多的時間，利用三分鐘進行二、三次即可。與不規則而且殘酷的方法相比、非常簡單，能夠每天持續進行。一定要遵守這個「美容」規定的事項。

妳相信這個事實嗎？

「一定是騙人的！」也許妳會這麼說。「說什麼美容，只不過是價格昂貴，實際上沒有效果。」或許妳會如此地回答。

我再說一次，全部都是事實。即使是粗糙或凹凸不平的肌膚，一定能夠變得美麗。首先要秉持個信念。

＊　　＊

其次的問題，就是妳曾去過美容沙龍嗎？

妳對它的印象如何呢？

沒有去過的人，對它的印象又是如何呢？

「哦！就是躺在那兒，去除肌膚的污斑，護理肌膚嘛……感覺蠻舒服的！」

經常加班的妳，或許會說：

「我有做全身按摩。泡在熱水中，沐浴在芳香的氣味中，身心都得到解放。」

或是，「柔軟的沙發、古典音樂，彷彿置身在一流的飯店中。」

奢侈、豪華……不僅感覺舒服，而且能夠讓妳變得美麗——這是一般人的印象。去過一次之後，恐怕就會深受其魅力所吸引。

實際上，一些醫學美容體驗者曾說過：

「原本肌膚乾燥，不易上妝，因此前往美容沙龍……。我是二十五歲的OL，一個月去一～二次。結果紋理變得細緻，觸摸肌膚時，感覺光滑、柔嫩。不僅肌膚，連肩膀痠痛也得到改善。這真是出乎意料之外的喜悅。」（島田洋子・25歲・OL）

「從事模特兒的工作不久，臉上突然冒出了面皰……。臉部有問題，對模特兒而言是致命傷。在二週內，我每天前往美容沙龍接受專門的吸引，完全治好了。現在一週前往一次。」（野中千繪・24歲・模特兒）

「因為身為聲樂家，經常要穿著露背、低胸的禮服。我是過敏體質，經常出現身體發癢、發紅的症狀……。甚至出現斑點，在美容沙龍，不僅是臉、連胸與背部也必須要進行護理。

即使再忙碌，都必須前往去除斑點，一至二週前往一次。」（保阪殿江・28歲・聲樂家）

最近，經常可以在雜誌上看到一些美容沙龍的廣告與CM。

「想去體驗一下！」

「想要了解到底是採用什麼方法。」

「應該有變得美麗的秘訣，我想要知道這個秘訣。」

只要是女性，誰都會這麼想。但是另一方面，也會有一種猶豫不決的心理，相信這就是女性的心理。

「可是美容沙龍的價格相當昂貴耶！」

「去一趟要花三至四個小時，我沒有那麼多的時間。」

的確，既要花錢又要花時間，但是，花錢和時間，才能夠了解到專業美容及專門器具的「價值」。例如使用一百種高級化妝品來護理，也無法讓妳體會到在美容沙龍所享受到的技巧、氣氛等優點，這也是事實。

按壓、敲打……讓職業技巧成為自己所有

因為聽說感覺很棒，所以想去看看，希望能夠在自宅輕鬆地進行這種美容的方法，而且不需要花一毛錢就能夠辦到——這麼說，或許會讓妳感到很驚訝吧！

「可是自己一個人怎樣辦得到呢？」

「不能使用器具的話，應該就辦不到吧！」

但是請等一等，不要緊，一定可以辦到的。

專業技巧①

☆如後面的圖所示，兩手的手指抵往臉頰，用食指、中指、無名指三指像彈鋼琴似的啪噠啪噠地拍打。

盡量輕輕地拍打。

——覺得如何呢？是不是感覺臉部的血液循環變得順暢了呢？

這個方法稱為輕彈法。是臉部美容中經常使用技巧。只要使用輕彈法，就

能夠使妳以往所進行的按摩更具效果。

專業技巧②

☆其次，在洗臉盆中裝四十度左右的溫水，準備好乾的毛巾。雙手浸泡在溫水中，三十秒以後，用毛巾擦乾水氣，再將手掌貼在臉頰上。

——覺得如何呢？是不是感覺一陣發熱呢？

也許妳會想，怎麼會這樣呢？但是這一點很重要。尤其在冬天用冰冷的手按摩時，肌膚會收縮。因此在護理肌膚之前，務必要將手溫熱——只要下點工夫，就能夠使護理肌膚的效果完全不同。

專業技巧③

☆還有一點。如圖所示，用中指按壓口角下方一至二公分處（每三秒進行三次）。

——也許妳認為這不足為奇，但是都能夠無意外地發現其四周變得很清爽，覺得臉部很舒服。

同樣都是按摩，但卻不是用敲打或揉捏的方式，只是按壓臉的重點部分，

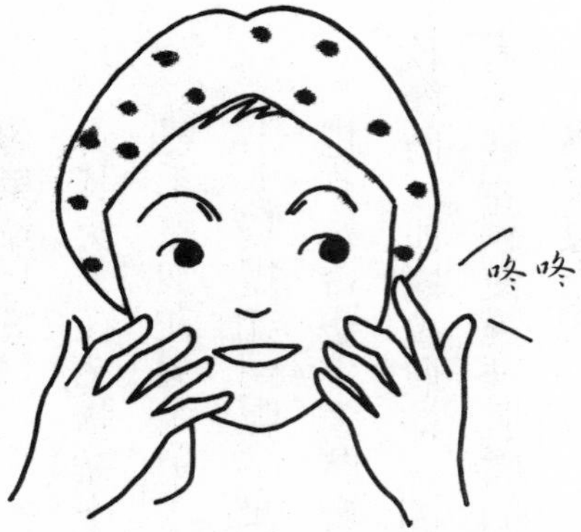

專業技巧①

◀用雙手的食指、中指、無名指３指輕彈臉頰，好像輕彈鋼琴似的來進行

專業技巧②

▶雙手浸泡在溫水中 30 秒鐘之後，用毛巾擦乾水分，手掌包住臉頰

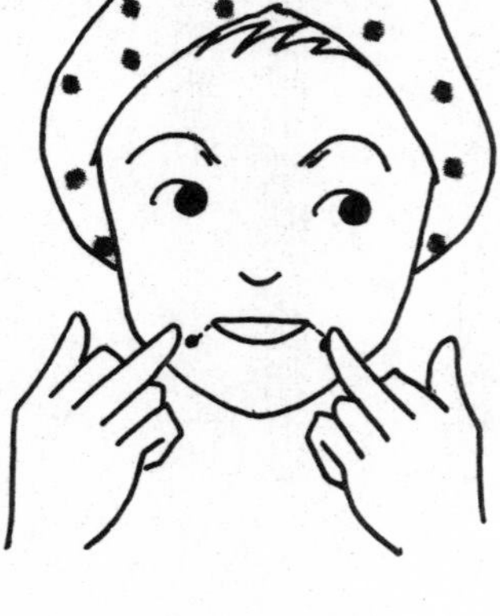

專業技巧③

◀如圖所示，距離口角 1～2 公分的八字形下方附近用中指按壓

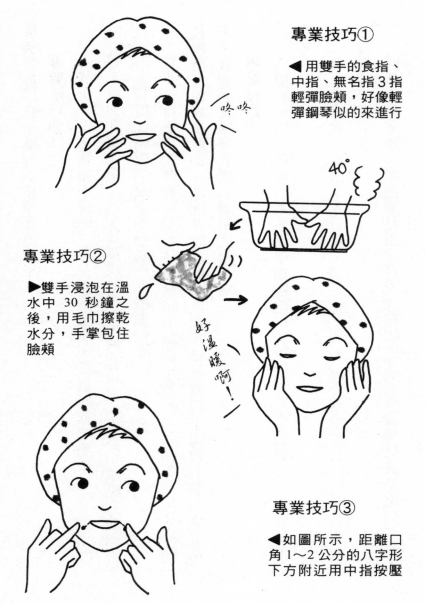

就能夠大大地促進血液循環。

妳覺得如何呢？我敢斷言，接下來的肌膚護理，即使不是使用專業美容技巧，也能夠展現好的效果。在美容的發祥地歐洲，人們大都會利用美容院。而英國的醫療院，甚至會為患者介紹美容沙龍作為治療後的一種護理方法。相反的，美容沙龍的人也會依症狀的不同介紹患者前往皮膚科接受治療，因此美容受到重視。

在國內，這一點發展的腳步較慢。從本場歐洲引進美容這個稱呼已經二十年了，不過，老實說，問題堆積如山。例如：

●直接學歐洲的方法，使用與國人的肌膚和氣候不合的美容劑及油分較多的乳液、油等。

●濫用無效的器具。

●完全不遵守美容沙龍或美容的規定與制度。

不過，看英國的例子就知道，美容的確具有醫學的根據，醫學也可以運用美容的技巧——相信這個時代一定會到來。在這個過程當中，只要選用「真正的美容」即可。

然而，即使備有器具，或擁有完善的設計，如果前往沙龍而無法擁有真正美麗的肌膚，則不具任何的意義。

美容效果始於自然的臉

想要追求自然真正美麗肌膚的女性增加了。

我在二十幾歲時，也曾經有過這種想法，陸續嘗試過各種化妝品，把化妝品擺在化妝台上，對我而言，這是一大樂事。有一陣子，我非常熱愛化妝。只要化出美麗的妝來，根本不理會卸妝後的保養問題。

「不打粉底，就認為出不了門。」

「即使長面皰或濕疹，還是想要化妝。」

很多女性在二十歲時都有這種想法。但是，到了三十多歲時，終於發現到：

「即使不化妝，也希望能夠恢復二十多歲時的肌膚。」

「希望能夠帶著一張自然的臉，大大方方地走在街上。」

最近有更多二十多歲的女性想要追求美麗的自然肌膚。完全不化妝，但是很美麗——這是最棒的事……。

身為皮膚科醫師的我，對於這種傾向感到很欣慰。越是了解皮膚的性質，越是知道更多的化妝品，就越會造成反效果。

原本肌膚具有保持最佳自然狀態的作用，只要進行最低限度的護理，使其發揮原本的力量，就能夠產生最大的效果。

儘管如此，「美麗的肌膚不是天生的嗎？」

也許妳會有這樣的疑問。

「一旦形成斑點或皺紋。可能一生都治不好。」

也有人會問我這個問題。但是，到底美麗肌膚的條件是什麼呢？那就是，

●紋理細緻。

●富於彈性。

●具有光澤。

用手摸摸看，非常的滋潤而且光滑。請摸一下自己的肌膚。

利用美容效果讓妳永遠保有 20 歲的肌膚

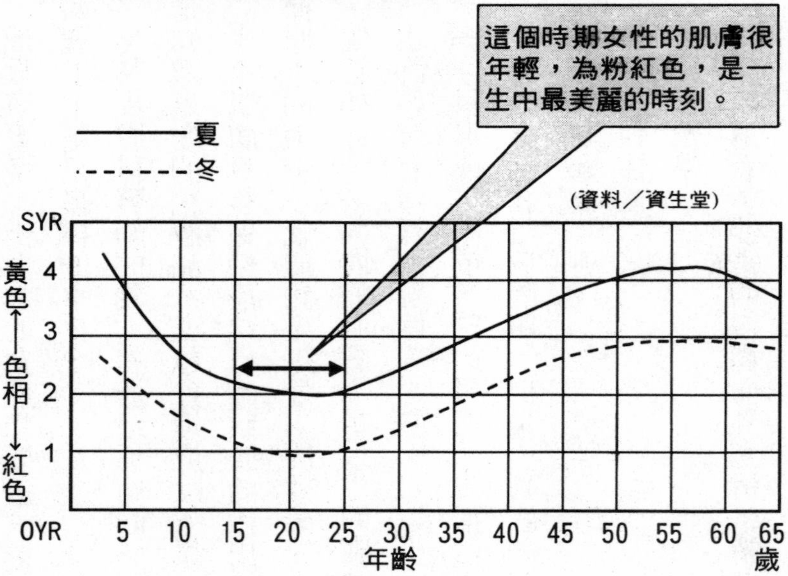
這個時期女性的肌膚很
年輕，為粉紅色，是一
生中最美麗的時刻。
夏
冬
(資料／資生堂)
SYR
黃色
色相
紅色
4
3
2
1
OYR
5 10 15 20 25 30 35 40 45 50 55 60 65
年齡
歲

●圖表的「紅色」，是指肌膚呈現粉紅色的美麗狀態，「黃色」是指肌膚呈現暗沈的狀態。隨著護理肌膚的方法不同，妳可能擁有 20 歲的肌膚，也可能擁有如老年人一般的肌膚。

臉色會因血液循環的好壞而有截然不同的光彩。滋潤的程度差則決定於角質層所含的水分量。

通常，美麗的肌膚含有二〇%的水分，如果降低到一〇%左右時，肌膚會變得乾燥。反過來說，充分給予水分，就會變得美麗——亦即藉著護理，就能夠擁有「最佳的肌膚」。

紋理也是相同。前面提及，身為醫師的我，以往所學的知識告訴我們紋理的細緻與否是天生的，無法治好——而我也一直相信這種說法。

但是，從數年前開始進行醫學美容之後，我的想法有了一百八十度的轉變。

對方是三十五歲以上的女性，臉上的面皰非常的嚴重，她前來我的診所接受治療。肌膚紋理粗糙，毛細孔明顯，以年齡而言，與二十多歲的人的面皰不同，因此很難治療。最初，我只是進行皮膚科的治療，但是，不久之後，在美容沙龍吸引阻塞毛細孔的油脂，同時進行導入維他命C的電離子透入療法。

一個月以後，面皰不再出現，同時擁有紋理細緻、光滑的肌膚。

用肌膚鏡觀察皮膚時，發現皮溝變細了，而且看到了滋潤、隆起的皮丘。

後來，我也親眼目睹幾個這種例子。換言之，只要進行正確的護理，張開的毛細孔會縮小。只要充分給予水分，皮丘就會隆起，紋理更為細緻。

相信各位已經瞭解了吧！所以妳也不要輕言放棄。

不論妳是二十歲或六十五歲都不要緊。不管妳的肌膚是乾性肌或油性肌也沒問題。只要引出個人原本就具有的美麗肌膚——這就是美容沙龍的任務。

創造美肌的六大禁忌

為了護理出最好的肌膚，必須具備一些條件。每一項都很重要，必須牢記在心，努力遵守。那就是——

●不可使用磨砂劑。

●長時間的按摩，一週不可超過一次以上。

●油或潔膚乳等含有太多油分的化妝品要禁用。

●基礎化妝品要以化妝水和美容液為優先考量（肌膚要補充水分）。

●避免因為使用美容刷、美體刷而肌膚受到過度的刺激。

●避免使用不當的市售吸引器、洗臉器等器具。

只有這六個要點。理由只要閱讀本書的內容就可以瞭解了。總之，這六點一定要牢記在心。

我再強調一次，這是使妳的肌膚成為「最高級肌膚」的必要條件。忽略這些要點，而造成過度使用化妝品、過度利用器具按摩……即使才二十多歲，看起來卻像是三十多歲的例子，屢見不鮮。

在此，自我進行肌膚老化的測試吧！

☆站在鏡子前，看著自己的臉。用雙手的中指輕輕將太陽穴朝斜後方拉。覺得如何呢？「臉看起來比以前更為年輕了。」

妳會不會這麼想呢？

也就是說，妳的肌膚已經開始老化了。必須要趕緊進行醫學美容。

請想想我前面曾經說過的，任何肌膚都能夠變得美麗。

美容的好處，就是平常的護理再加上專業的技術，使妳「變得美麗」。本書則把專業的技術介紹給各位讀者。大致可分為臉＝臉部護法，以及身體＝身

妳需要擁有「更年輕」的臉

——檢查老化的方法

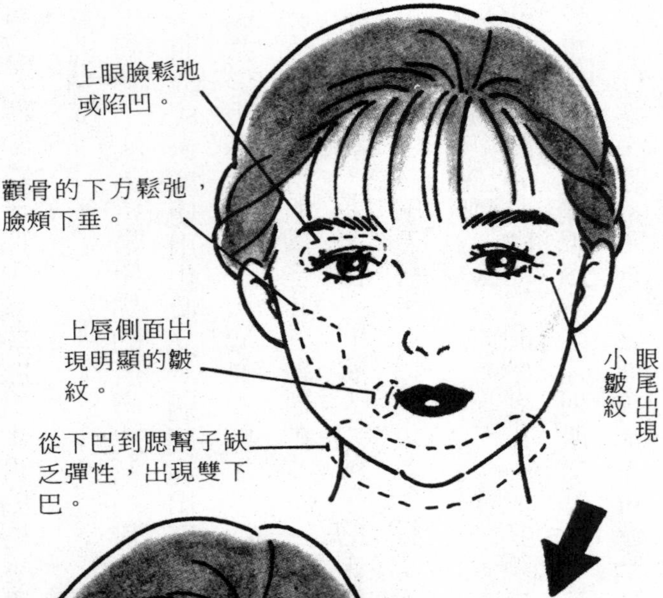
上眼瞼鬆弛
或陷凹。
顴骨的下方鬆弛，
臉頰下垂。
上唇側面出
現明顯的皺
紋。
從下巴到腮幫子缺
乏彈性，出現雙下
巴。
眼尾出現
小皺紋

●用中指將太陽穴朝斜後方，如果臉變年輕，表示已經開始老化了。現在就要開始實行後面所介紹的美容點課程！

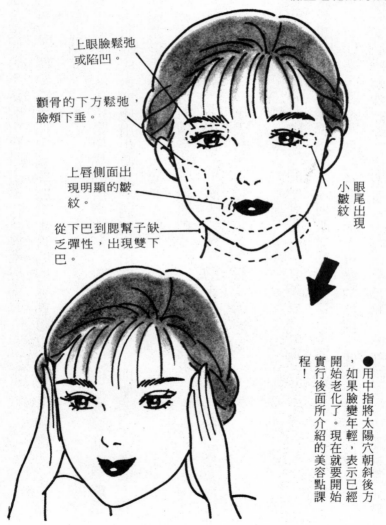

體護理法。這是我根據自己的經驗，以及基於皮膚科專門醫師的立場想出的醫學美容理論所創造出來的方法。請安心地享受「馬野式美容法」之樂。

變美麗了——體驗實例

「雖然明白道理，但是馬野式美容到底具有何種程度的效果呢？」妳當然會感到懷疑。因此，在探討實際的方法之前，在此為各位介紹利用馬野式美容消除肌膚煩惱的諸位人士的體驗。醫學美容，是在長面皰或為異位性皮膚炎而煩惱時，併用皮膚科的治療與美容；而健康肌膚的護理。基本上是利用美容的方法。可是，依肌膚狀態的不同，首先要利用治療的方式治好問題，再利用創造美肌的美容方法。在第三章會詳加說明肌膚煩惱的護理法。

美容的基本目的是：「使沒有問題的肌膚擁有最佳的美麗」。也就是提升肌膚的水準，而美容就能夠發揮這種力量。結束皮膚的治療以後，大部分的人一週只要進行一次，或一個月進行一次，以美容院的感覺來利用美容即可。

請妳仔細觀察在此登場人物的美容理由，以及美容後肌膚的美好程度。

[以前的作法]		[改變後狀況良好]
用清潔劑和洗面皂進行雙重洗臉。使用包括擦式型在內的各種清潔劑。	洗　臉	勿使用油性的清潔劑而塗抹在肌膚上再擦拭掉，要使用油分少、沖洗式的清潔劑。
到底有何好處也不得而知，只是依照化妝品廠商的說法，在不同的季節進行不同的護理。有時也會敷臉，但是情況更為惡化。	基礎化妝	勿使用油分強的保養品，只要使用化妝水充分保濕即可。
總之，濃妝以掩飾面皰。剛打上粉底時覺得還不錯，但是後來狀況惡化，結果根本無效。	化　妝	現在只有在必要時才使用粉底。
因為化濃妝掩飾，反而使情況更為嚴重，使用醫院的藥物，但是無效。	問題的處理法	避免對肌膚增加太多的油分。

Dr. 馬野的建議

為了隱藏面皰塗上厚厚的粉底，是錯誤的作法。剛開始時，只要進行重點化粧。也許會覺得有點難為情，但是只要忍耐一下，就能夠創造美肌。避免給予肌膚過多的油分，只要利用化妝水充分補給水分，完成基礎化妝即可！

體驗例①
「光靠化妝水的簡單護理法最好！」

姓名	小川泉	年齡	20歲	職業	學生

煩惱

讀國中、高中時期，肌膚並沒有問題，但是進入大學開始化妝以後，臉部就出現了面皰。夏天日曬過度，整個臉更是佈滿了大的面皰

馬野醫師的診斷

油性肌膚化妝，會增加肌膚的負擔

是否去醫學美容

是　二週一次　　否

馬野式有何好處

以往使用各種的護理法，但是這一次的護理只是簡單地使用化妝水，情況迅速好轉！

引起何種問題

開始化妝以後，整個臉頰出現大的面皰

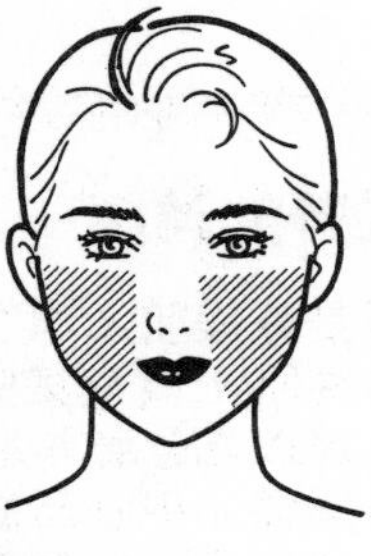

肌膚的特徵
- 膚質　乾燥肌
- 膚色　白皙　●紋理　細緻

問題傾向

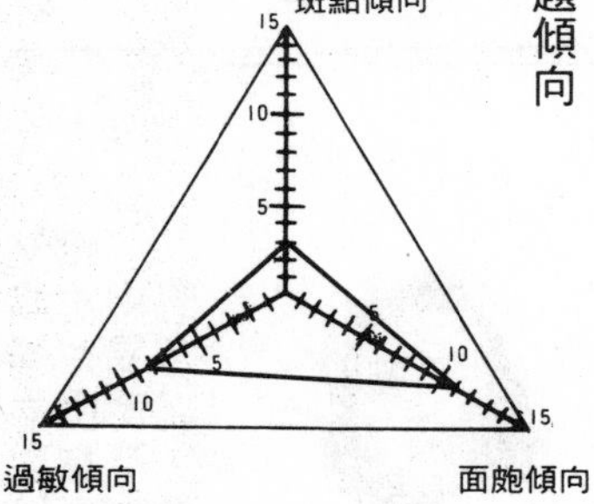

判定　有面皰與過敏傾向的敏感肌

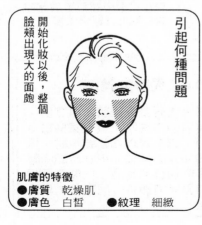

[以前的作法]		[改變後狀況良好]
實行雙重洗臉 使用油性清潔劑。 拍照後只使用卸妝水來卸妝。	洗臉	1天3次用肥皂洗臉，拍照之後，沖洗掉化妝品。清潔劑更換為油分較少的乳液型清潔劑。
美容師診斷是乾燥肌，因此化妝水和乳液是不可或缺的。經常更換化妝品的品牌。 一週敷臉一次	基礎化妝	不再敷臉、按摩 平常只使用化妝水，只有在嚴重乾燥時，於局部使用乳液。
塗抹化妝水及乳液，然後打底並使用粉底。	化妝	平常不化妝（工作時化濃妝。）但仍然塗抹防曬乳、戴帽子。
有時候長面皰時，會塗抹Oronine軟膏，但是卻冒得更多。	問題的處理法	Oronine軟膏是含有油分的軟膏，醫師說最好不要用。現在只要覺得肌膚異常時，就立刻進行醫學美容

Dr. 馬野的建議

雖然專業人士說是乾燥肌，事實上，野中小姐是普通的中性肌，只是某些部分容易乾燥而已。因為誤以為是乾燥肌，所以使用太多的油分來護理。患者年紀尚輕，不需要太多的油分或乳液，只要使用保濕效果較高的美容液即可。回家後，早晚要認真地洗臉。

體驗例②

「刺激美容點，使肌膚富於彈性……」

姓名	野中千繪（假名）	年齡	24歲	職業	模特兒

煩惱

今年1月開始從事模特兒的工作，可是臉部突然出現面皰，可能是化妝品不合或飲食不規律吧！但是肌膚是模特兒的生命，希望能夠擁有最佳的狀態。

馬野醫師的診斷

20歲護理過度，造成反效果。

是否去醫學美容

是　1個月4～5次　　　否

馬野式有何好處

告知使肌膚美麗的穴道，洗臉時實行按摩，使肌膚富於彈性。

引起何種問題

額頭、臉頰突然出現面皰

肌膚的特徵

●膚質　稍微屬於乾燥肌

●膚色　黃褐色　●紋理　細緻

問題傾向

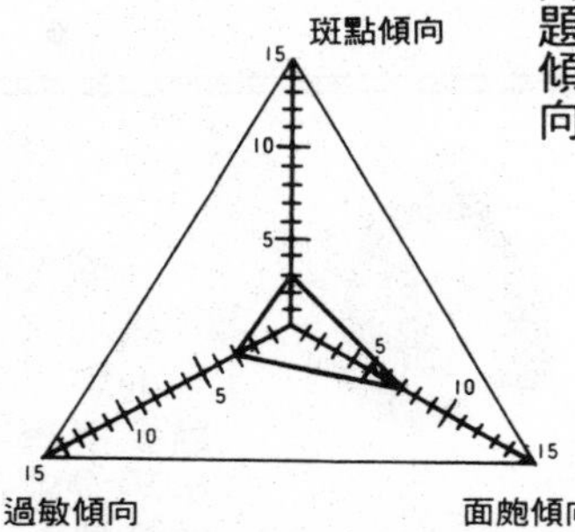

判定　稍有強烈的面皰傾向，卻是不易產生麻煩的混合肌。

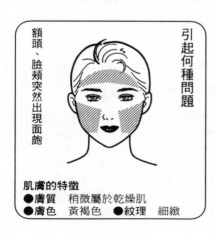

〔以前的作法〕		〔改變後狀況良好〕
常常只使用清潔劑洗臉	洗臉	下了舞台以後，使用洗潔劑並用肥皂洗臉。
使用化妝水和乳液，皮膚乾燥時，會使用魚鯊烷油，經常按摩與敷臉。	基礎化妝	不使用含有多餘油分的乳液或油，只使用從醫師的診所帶回來的化妝水。
因為工作關係，經常塗油彩。工作以外的時間也會化妝。	化妝	平常不打粉底，只進行重點化妝，但是突然塗抹油彩時，肌膚容易受傷，因此3天要上1次粉底。
出現問題時會就醫，當試過各種的市售藥，但是無效。	問題的處理法	睡眠充足，調整體調，塗藥預防問題發生。

Dr. 馬野的建議

像保阪的情況，只要不出現過敏現象，就沒有任何的問題，而且不會肌膚乾燥，油膩，可以說是最好的肌膚。因此平常就要擁有充足的睡眠，盡量放輕鬆，避免出現過敏的症狀。油彩和照明會增加肌膚的負擔，所以平常最好只採用重點化妝。護理時，避免使用油分較多的產品。

體驗例③

「利用醫學美容消除壓力，斑點也變淡了！」

姓名	保阪殿江	年齡	28歲	職業	聲樂家

煩惱

參加大學畢業考時，從頸部以下到腳全身發癢。去年9月，參加歌劇演出時，出現相同的症狀。可能是因為演出時塗抹黑色的油彩，連臉也發癢了。

馬野醫師的診斷

屬於過敏肌膚，不能夠給予刺激，要補充足夠的水分及適度的油分。

是否去醫學美容

是　1個月2～5次　　否

馬野式有何好處

壓力積存時易出現皮膚過敏的現象，因此去醫學美容沙龍能夠得到改善，連背部異位性皮膚炎的痕跡都消失了。

引起何種問題

因為使用油彩而使臉、身體發癢

肌膚的特徵
●膚質　普通肌
●膚色　白皙　●紋理　細緻

問題傾向

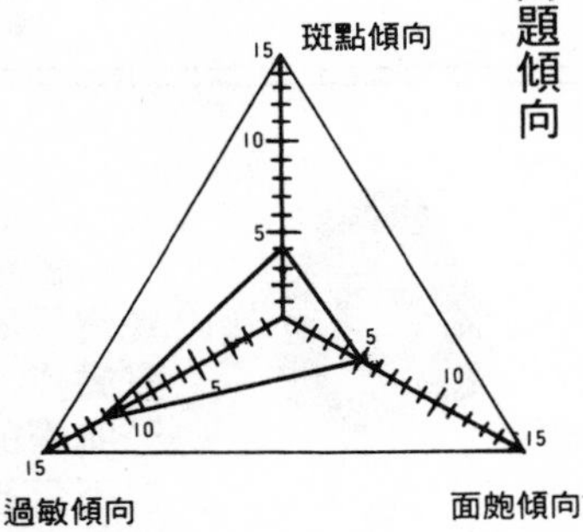

判定　過敏傾向較強

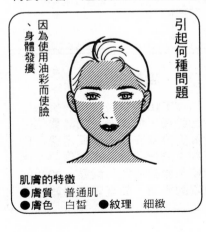

[以前的作法]		[改變後狀況良好]
平常只用嬰兒皂洗臉，塗抹油彩以後，則使用擦拭型清潔劑，未進行雙重洗臉。	洗　臉 →	一定要利用雙重洗臉的方式完全去除污垢。使用沖洗式的清潔劑，肥皂則是使用馬野肌膚護理系列。
嘗試別人或雜誌上介紹的產品，基本上不使用基礎化妝品，只塗抹治療異位性皮膚炎的藥物。	基礎化妝 →	利用醫師的診所所開的化妝水充分保濕，同時塗抹醫師所開的藥物處方。
沒有塗抹化妝水或乳液，只塗抹藥物，然後再打粉底。	化　妝 →	極力避免化妝，有時候使用化妝水，打底時偶爾使用軟膏，然後再化妝。充分塗抹軟膏之後才可以上油彩。
塗抹後症狀立刻好轉，因此經常使用副腎皮質荷爾蒙。皮膚科醫生表示，如果不辭掉工作，症狀無法好轉。	問題的處理法 →	副腎皮質荷爾蒙具有副作用，因此在醫師的勸阻下停用。

Dr. 馬野的建議

佐藤小姐沒有出現異位性皮膚炎時，覺得肌膚稍微乾燥，但是為了預防異位性皮膚炎，需要充分補充水分。使用適合自己肌膚的低刺激的化妝水，經常保濕。絕對不可經常使用副腎皮質荷爾蒙。如此就能夠擁有健康的肌膚，並且變得美麗。

體驗例④

「充分補充水分，擁有潤澤的肌膚」

姓名	佐藤伸子	年齡	２８歲	職業	劇團演員

煩惱

從孩提時代就經常為異位性皮膚炎所苦，臉頰紅腫，長顆粒，奇癢無比，尤其春天，經常打噴嚏。因為工作關係，經常塗沫油彩，忙碌時，問題就來了。

馬野醫師的診斷

出現異位性皮膚炎時，要努力地避免給予刺激！

是否去醫學美容

是　　　　　次　　　　　（否）

馬野式有何好處

充分補充水分，肌膚開始變得滋潤。現在打算進行美容重點化妝。

引起何種問題

整個臉頰通紅，有小的顆粒

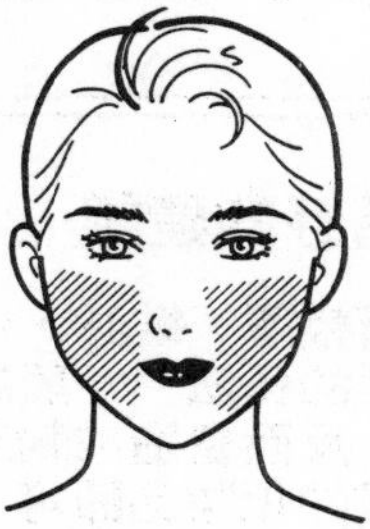

肌膚的特徵

●膚質　只有鼻子是油性肌
●膚色　白皙　●紋理　細緻

問題傾向

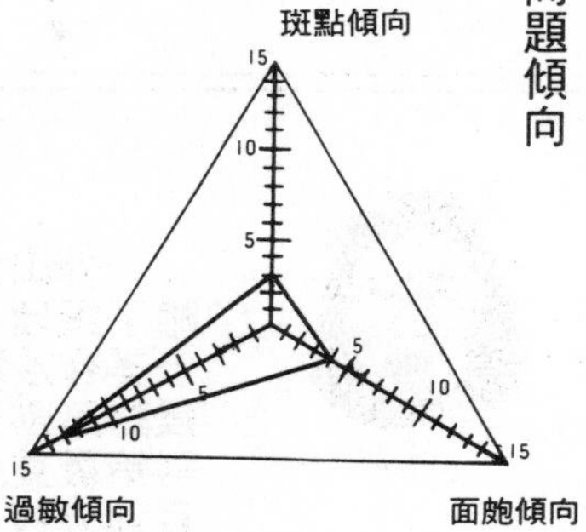

判定　過敏傾向較強

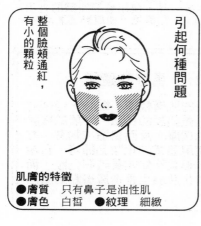

〔以前的作法〕		〔改變後狀況良好〕
以前只是使用普通的洗臉法（用手指摩擦臉部）。並沒有特別注意洗臉的方法。	洗　臉	知道是容易受刺激的肌膚之後，不再摩擦肌膚，利用泡沫來洗臉，指尖輕觸臉部來洗臉。
只使用基本的化妝水與乳液。1週敷臉1次。依化妝品廠商的建議，準備1套化妝品	基礎化妝	不可使用一般的敷面劑敷臉，不要使用油分較多的乳液，要用化妝水補充水分。使用油分較少的乳液進行部分護理
並未使用防曬乳，為了遮掩斑點，粉底打得很厚。	化　妝	過度化妝，反而成為斑點的原因。要先塗抹防曬乳，再薄薄地塗上一層粉底。
曾使用市售的去斑化妝品，也到一般的美容沙龍去按摩或做鐳射治療，但卻完全無效。	問題的處理法	停止戶外運動，只能夠進行室內運動。 外出時，必須使用防曬保養品，使用醫師所開的外用斑點藥物，使斑點逐漸消失。

Dr. 馬野的建議

外山女士的肌膚較薄、敏感，但卻忽略了護理，這是錯誤的作法。一般的敷臉及美容沙龍的按摩，反而會造成刺激。乾燥對策則是使用簡單的化妝品即可。日曬對策最重要，但是不能夠長時間化妝，而且油分較多的化妝品也是造成斑點的原因，需要注意。

體驗例⑤

「如果能夠更早知道紫外線對策就太棒了！」

姓名	外山雪子（假名）	年齡	33歲	職業	主婦

煩惱

過了 30 歲以後，疏於肌膚的護理，打網球、游泳，使肌膚出現了細小的斑點，卻不在意。可是 2 年前到夏威夷，沒有戴帽子、化淡妝，結果戴眼鏡的下方部位出現了大斑點，這讓我感到驚慌失措！

馬野醫師的診斷

肌膚較薄，易受到紫外線及乾燥等的影響。避免給予刺激。

是否去醫學美容

是　　　　　次　　　　　否

馬野式有何好處

外出時採取紫外線對策，大致去除斑點。只使用化妝水護理肌膚，方法簡單，真是太好了。

引起何種問題

戴眼鏡部分的下方出現明顯的大斑點

肌膚的特徵

●**膚質**　只有Ｔ區是油性肌

●**膚色**　黃褐色　●**紋理**　細緻

問題傾向

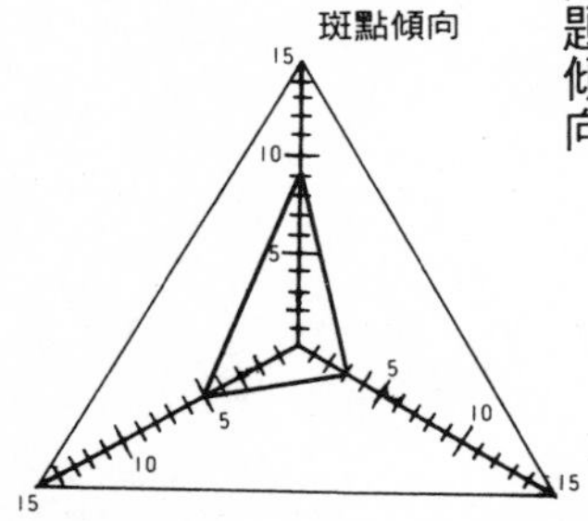

判定　斑點傾向較強，同時也有過敏傾向的敏感肌。

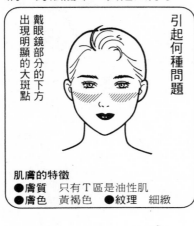

第一章

肌膚的斑點、皺紋等問題始於錯誤的護理

——看似了解但事實上卻不了解自己肌膚的特質

1　確實得到美容效果的自我肌膚檢查法

馬野式美容能夠治好面皰、去除斑點，使肌膚紋理變細……，而第一步先知道自己肌膚的性質。這是一切護理的開始。但是很多女性根本不了解自己的膚質。妳又如何呢？

要注意敏感肌的化妝品

妳認為自己的肌膚是「敏感肌」嗎？

——以前，我曾問二十多歲女性這個問題，結果三十人之中有二十三人回答：「我想自己應該是敏感肌吧！」

「一直長面皰，我的肌膚很差耶！」

有的人自認為是油性肌。而另一方面，

「我的皮膚很容易乾燥，問題比他人更大呢！」

有的人自認為是乾性肌。

敏感肌的肌膚相當的纖細，容易產生問題。但是也許有的人會嚮往敏感肌呢？

要廣泛解釋的話，塗抹油會長面皰，不能夠算是敏感，一旦乾燥時，對於肌膚的抵抗力較弱，使用平常的化妝品，也可能會使肌膚乾燥。

不過，**真正敏感肌的人非常的少**。

事實上，容易引起過敏反應的肌膚是「敏感肌」。化妝品中所含的香料，色素以及其他的成分會引起過敏，所以使用某種化妝品，塗抹的部分會發紅，出現濕疹或發癢的現象。

這些誤解反而會造成麻煩，一定要注意。

以面皰肌的A小姐為例。

使用註明「敏感肌用」的肥皂洗臉，反而造成面皰增加。亦即「敏感肌用」極力去除了容易引起過敏的成分，而A小姐的皮脂無法充分去除。如果是乾燥肌的人使用，會覺得效用不夠。

擔心自己可能是敏感肌的人，一定要檢查一番。在手腕的內側和雙臂的內

如果擔心自己是過敏肌，
可以立刻使用這個方法
——簡易肌膚測試

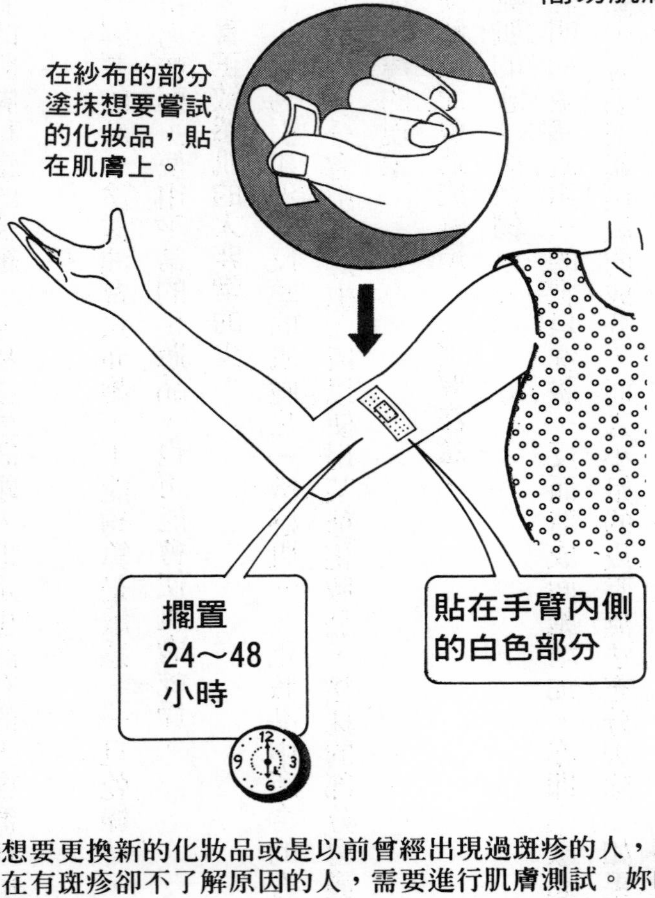
在紗布的部分
塗抹想要嘗試
的化妝品，貼
在肌膚上。
擱置
24～48
小時
貼在手臂內側
的白色部分

●想要更換新的化妝品或是以前曾經出現過斑疹的人，以及現在有斑疹卻不了解原因的人，需要進行肌膚測試。妳的情形如何呢？

側各薄薄地塗上一種化妝品，觀察情況。如果是暫時的刺激，則肌膚在二十至三十分鐘內會發紅或出現濕疹。如果真正要塗抹的話，只需要二十四至四十八小時即可。

不要任意斷言自己的膚質，做出錯誤的護理。

使面皰肌變得美麗

美肌的第一條件就是「紋理細緻」。的確，紋理細緻，血管清晰可見的美白肌膚非常的美麗。有很多人認為：「我的肌膚是面皰肌，紋理粗糙。」

然而，**紋理細緻的肌膚，未必就是健康的肌膚**。

事實上，很多紋理細緻卻是屬於乾燥肌的例子出現，亦即肌膚缺少水分與油分。

這到底是怎麼一回事呢？要擁有健康的肌膚，必須皮脂膜發揮重要的作用。皮脂膜，是由汗腺分泌的汗以及皮脂腺所分泌的皮脂在皮膚表面混合而成的。簡言之，就是天然的乳液。

藉著皮脂膜的作用，保護皮膚免於外界的刺激，防止水分的蒸發。但是乾燥肌的人，皮脂膜不足，缺乏滋潤，容易產生小皺紋。

另一個可悲的事，就是健康肌的酸鹼值在四．五至六．五之間，呈弱酸性，這是由皮脂中所含的脂肪酸和汗的乳酸所造成的作用。皮脂很少的乾燥肌，皮膚呈鹼性的傾向 如果是兒童的話 容易導致細菌或黴菌繁殖 易生腫包或痘子。長時間處於鹼性狀態下，皮膚表面的角質開始溶解，表面會呈現類似肌膚乾燥的狀態。

如此一來，皮膚的抵抗力減弱，對平常人而言，不會造成任何傷害的刺激，也會產生反應，容易引起斑疹或濕疹。

亦即保護肌膚健康的皮脂膜的功能十分的重要。在這一點上，肌膚紋理細緻的人，可以說是輸在起跑點上了。

但是，面皰肌的人，皮脂分泌旺盛。過於旺盛分泌是造成面皰的原因，然而另一方面，也是肌膚富於活力的證明。胃腸功能不佳或身體較弱的人，不會長面皰。所以，面皰肌的人，應該是身體比較強壯的人。

每天護理不同的部分

「可能是化妝品不合吧！因為長面皰，所以使用油性肌用的化妝品，但是口唇四周卻仍然很乾燥。」

認為自己是進行正確的護理，可是不但無效，還出現反效果—很多人都會訴說這種症狀。

為什麼會發生這種情形呢？請照照鏡子，看看自己的臉。妳的臉哪個部分會出油？哪個部分會乾燥呢？

從額頭到鼻肌、下巴的部分，稱為「T區」，皮脂分泌旺盛，因此容易長面皰。尤其是油性肌的人，這個部分很容易泛油光、脫妝，但是，**膚質依臉的部分的不同而有不同**。雖然T區非常的油膩，若是整張臉進行相同的護理，則口唇的四周當然會乾燥。油性肌特別明顯的人，眼睛與口唇周圍通常還是乾燥的。

膚質會依季節、年齡的不同而產生變化。夏天時，即使是普通肌的人，也會傾向於油性肌。冬天時，肌膚容易乾燥。年齡增加以後，隨著皮脂分泌及水

為什麼要依部位別實行不同的護理法呢？

——年代別・部位別皮脂量

(資料／資生堂)

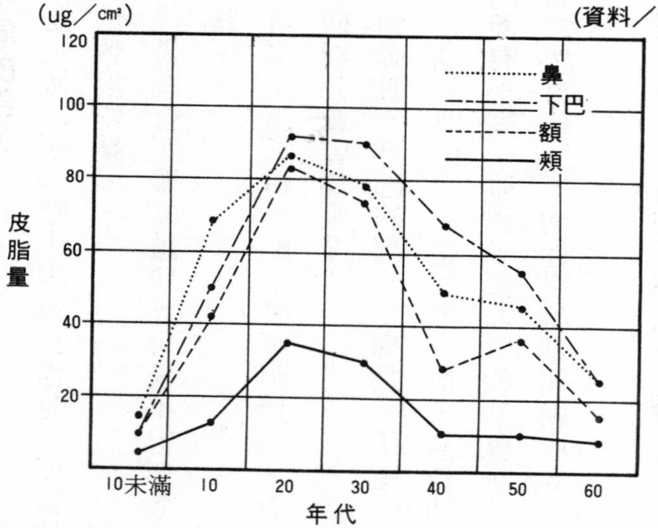
(ug／cm²)
120
100
80
60
40
20
皮脂量
鼻
下巴
額
頰
10未滿
10
20
30
40
50
60
年代

●皮脂量在二十歲層、三十歲層到達顛峰期。這個時期臉頰及其他部分的皮脂量的差距很大。所以要依部位別來進行不同的護理。

泛油光

的分量減少，因此肌膚容易乾燥。

美容或化妝，必須配合肌膚的變化和部分肌膚性質的不同來進行。也就是說，肌膚每天都會改變。「今天臉頰乾燥，所以塗抹美容液」，要以這種方式，每天改變自己的護理方法，這才是美容的基本想法。

完全忽視季節、年齡、部分膚質的不同而進行護理的話。反而是造成肌膚乾燥的原因。各位一定要牢記這一點。

對自己的肌膚有何種程度的了解

夏天五至六月，冬天九至十月時會更換化妝品。有更多的人會依季節的不同來更換化妝品。

事實上，這時也可以說是出現更多肌膚問題的季節。

「使用防水的粉底，卻開始長顆粒。」

「使用夏季用的睫毛膏，卻在眼睛四週出現斑疹，發紅……。」

妳是否也有過這樣的經驗呢？

在季節交替的時候，肌膚產生變化。

不了解自己的肌膚，不論是**在五月或夏天，配合化妝品宣傳廣告更換化妝品，就會造成不堪設想的後果**。前面也談及，膚質會依季節的不同而產生變化，但是，變化的程度因人而異，因個人的膚質而有不同。

原本屬於乾燥性，但是在夏天時，使用過於清爽的化妝品，仍然會造成問題。此外，會在不知不覺中曬傷。

「像平常一樣，使用磨砂膏洗臉，但是卻覺得十分的疼痛。」

也有學生因此而飛奔前來我的診所。這就是因為怠忽每天膚質的檢查而引起的麻煩。

同樣的，「三十歲開始的○○」、「保護四十歲肌膚的○○」等，配合年齡的化妝品也需要注意。這些化妝品，是以平均的肌膚變化為標準來進行年齡的設定。

即使是二十多歲，但是乾燥肌的人，有時也需要含有足夠保濕成分的化妝品。而四十多歲的人，也可能是油性肌的人。

配合自然肌膚的規律，才是美容的秘訣
——肌膚更新的 28 天週期

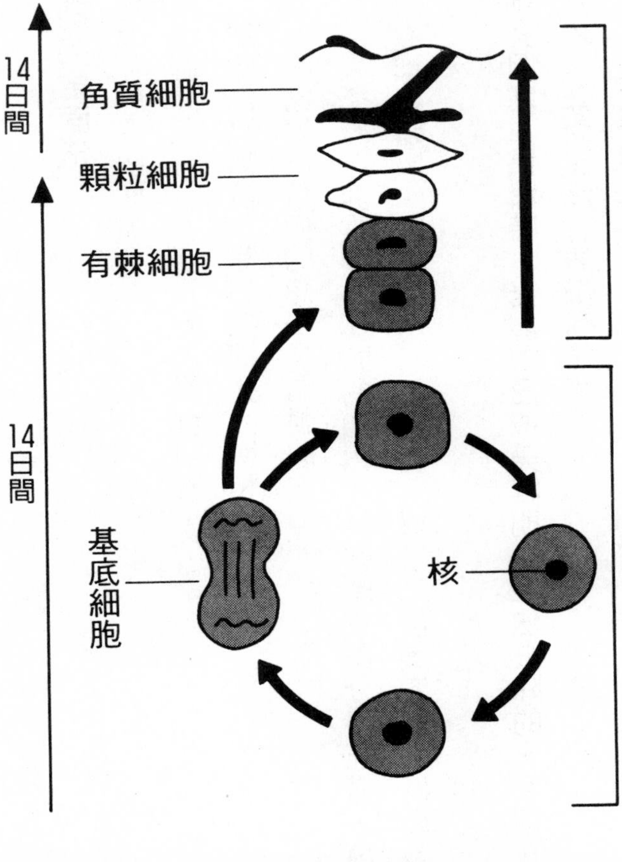

●角質積存過多，是造成皮膚暗沈的原因，但是也具有保護肌膚的重要作用。使用面膜去除過多的角質，對肌膚而言是很危險的！

（資料/資生堂）

一定要清楚地掌握自己的情況，絕對不要被他人的言語所迷惑。

完全不同的敷面法

「你為什麼要敷面呢？」

提出這個問題時，大部分的人都會回答，

「想清除洗臉無法清除的毛細孔污垢和油分。」

但是，大家對於敷面的想法是錯誤的。

我就讀大學時，非常擔心鼻頭的油污。年輕時皮脂分泌旺盛，鼻子周圍皮脂積存，毛細孔變黑。因此使用面膜敷面，買了三個美容刷，拼命護理，但是完全無效。

毛細孔阻塞、骯髒時，光靠敷面或美容刷是無法去除的。毛細孔始於表皮下方的真皮，敷面法沒有辦法到達該處。

當我這麼說時，也許敷面擁護派會說：「可是敷面之後臉部變得白皙乾淨呀……。」

這就好像撕開絆創膏後皮膚會變白的道理一樣。位於表皮表面的角質細胞都被撕下來了。如果你手邊有玻璃紙，你可以貼在皮膚上再撕下來，重複進行好幾次，逐漸就會滲血了。也就是說，撕除型的敷面劑會連表面的角質一起撕下來，只會損傷肌膚，沒有辦法完全清除毛細孔內部。

「那麼，不要敷面好了？」這也不是正確的做法。必須改變想法。**敷面並不是為了去除污垢，而是為了給予肌膚滋潤，補充水分。**

因此，即使不買敷面劑，使用平常的美容液敷面也非常有效。稍後將詳述其方法。

分辨立刻能去除的皺紋及不能立刻去除的皺紋

「出現皺紋後就無法消除了」，有些人會放棄；「拼命努力護理就能去除皺紋」，有些人的想法卻是這樣的。二者都正確，皺紋分為可治癒及無法治癒二種。

首先，探討皺紋是如何形成的。

皮膚分為表皮、真皮、皮下組織等三層組織。皺紋與這三層的老化有關。表皮在年輕時膨脹，隨著年齡增長水分量減少，逐漸變成扁平變薄。

真皮也會產生變化。真皮有稱為膠原蛋白的膠原纖維及彈力纖維，這二層是皮膚彈力的樞紐。利用顯微鏡觀察年輕人的肌膚，發現膠原蛋白形成粗的束條，成立體交叉。

但是，隨著年齡增長，纖維逐漸變細，即使利用立體交叉而維持的膨脹，也會開始被擠壓而變成扁的。彈力纖維在年輕時好像新的橡皮一樣，伸縮自如，但逐漸地會開始斷裂，好像拉長的橡皮一般。

皮下脂肪也會隨著年齡的增長而逐漸變薄。

由於皮膚的各種變化，所形成的就是老化的皺紋。正如老舊的橡皮會斷裂鬆弛一樣，皮膚也會呈現皺褶狀態，這就是皺紋。尤其口唇周圍和眼睛周圍、額頭等，隨著表情變化及皺紋聚集的地方。老化較快，有時會形成深的皺紋。

像這種因老化而引起的皺紋，用化妝品也無法治好，的確令人遺憾。必須進行美容醫學的處置。

紋理、張力、色澤——美容效果在此出現

——皮膚的構造

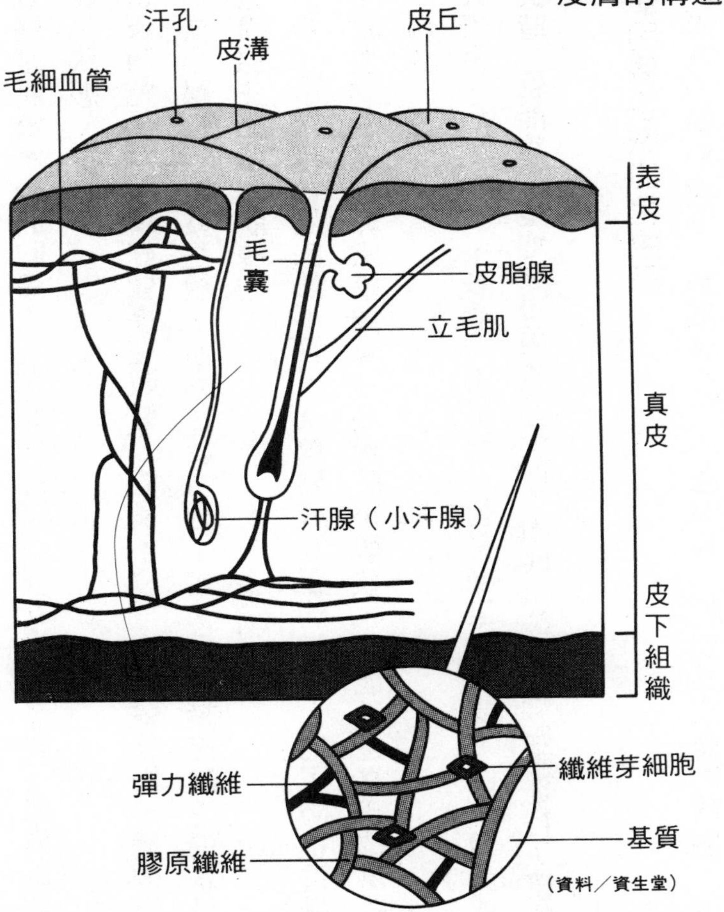
汗孔
皮丘
皮溝
毛細血管
表皮
毛囊
皮脂腺
立毛肌
真皮
汗腺（小汗腺）
皮下組織
彈力纖維
纖維芽細胞
基質
膠原纖維

（資料／資生堂）

●最近、大家耳熟能詳的彈力纖維、膠原蛋白具有保護肌膚的作用，能夠維持肌膚的張力與強度。過了三十五歲以後，肌膚會鬆弛，就是因爲彈力纖維無法再生所致。

但是，皺紋中有些是由於水分不足而形成的小皺紋，能夠治好。皮膚表面的角質層是肌膚水分的貯藏庫。在此保持二〇%左右的水分，肌膚就能滋潤，保持膨脹狀態。

當皮膚乾燥時，就好像擺在暖爐上的橘子皮一樣，會乾燥，變成扁扁的，因此形成小皺紋。也就是說，原因在於水分不足。**只要補充缺乏的水分，皮膚就能恢復原先膨脹的狀態。**

但是，小皺紋一旦放任不管，就會變成真正的皺紋。為了防止這種情形發生，平常肌膚的護理非常重要。只要預防小皺紋，就能延遲真正的皺紋形成，或使其減少。

其差距，即使在二十多歲時不了解，但是到三十多歲、四十多歲或隨著年齡增長時，就能夠清楚地發現兩者的不同，因此年輕時就必須進行正確的護理。

不要使用親手做的化妝品

患者S的情形如下：臉部發紅、引起濕疹。觀察其皮膚的狀態，很明顯是引起了發炎症狀。

「你使用什麼化妝品，是不是和肌膚不合呀！」

「不，我在自宅種絲瓜。將絲瓜露用瓶子裝起來，請附近的藥局為我做化妝水。自家製的沒有加入化學藥品，所以我想原因絕對不是出在基礎化妝品。原因可能出在粉底吧！」

她很有自信地這麼說，但是我聽到她的回答後，立刻知道原因在哪裡？就是出在自製的化妝水上。

調查後發現的確如此。

最近，由於「不知道市售化妝品到底是使用何種物質製造的」，因此很多人喜歡使用自家製化妝品。但是，化妝品和味噌、醬油不同，**使用「自家製」的化妝品非常危險**。

自家製的問題點在於衛生面和精製度。像S患者從莖部取絲瓜露，當時是否完全去除了泥土或污垢呢？裝絲瓜露的瓶子是否完全煮沸消毒呢？即使上述重點完全辦到了，但是手摸絲瓜露就會造成雜菌繁殖。植物等的精華只要有一些雜菌進入，就會以其豐富的營養為溫床，而開始繁殖。

正如S患者所言，化學藥品也是一大問題。在藥局加工製造化妝水，應該會使用甘油或酒精等其他成分。內容不明。加入多少酒精也不得而知。

到了這個階段，當然有可能成為「不知道放了什麼東西在裡面」的情況。

不只是絲瓜，像蘆薈或蕺草的化妝品，也有人會親手製造。但是植物本身是由多種成分構成的。像蕺草中含有對肌膚有益的成分，除此之外，也含有許多不純物。而蘆薈含有刺狀的結晶成分，因此會引起肌膚乾燥、過敏。同時也含有很多植物澀液。

市售的化妝品至少充分做好滅菌措施，所以可安心使用。

「UV常識」的陷阱

「雖然塗抹了防止紫外線的化妝品，但還是出現了斑點！醫師，這到底是怎麼一回事呀！」

在夏季結束的九至十月時，很多人都會發出這種牢騷。

過二十五歲之後，不能暴曬肌膚，這是現在一般人的常識。到了夏季，大部分的人都會使用具有防止紫外線效果的化妝品，但是其中還是有陷阱。**你所使用的防止紫外線化妝品，到底是遮斷哪一型的紫外線呢？**

會造成皮膚受損的紫外線，分為長波（ＵＶＡ）與中波（ＵＶＢ）。ＵＶＢ會使皮膚產生發炎症狀、發紅、出現水泡。形成一種燒燙傷狀態，稱為曬傷。

另一方面，ＵＶＡ則是色素沈著的原因。紫外線具有波長越長越能滲透到皮膚深處的滲透性。波長較長的ＵＶＡ會到達真皮，使得成為斑點原因的黑色素增加。也就是說，日曬後的發炎和水泡是ＵＶＢ造成的，而造成色素沈著的則是ＵＶＡ、ＵＶＢ兩種。

ＵＶＡ在陰天時也會到達地上，會穿透玻璃，從窗戶的縫隙中進入。在日常生活中，防止ＵＶＡ非常重要。

而最近的防曬化妝品，能夠防止二種紫外線的產品增加了，但是其中有些還是只能遮斷ＵＶＢ。使用這一類防止紫外線的化妝品，事後當然會後悔。

從內側損害肌膚的 UVA（長波紫外線）的危險構造

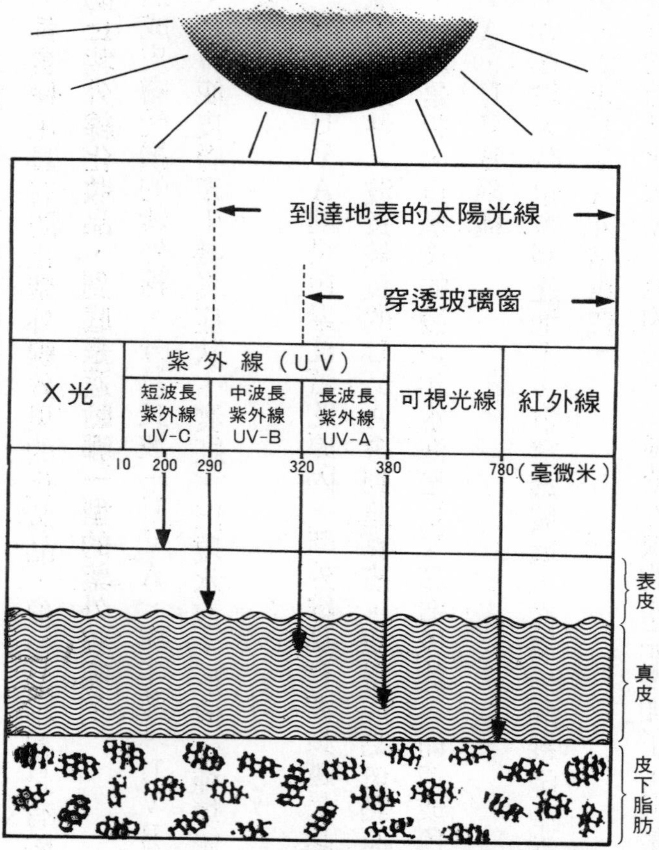
到達地表的太陽光線
穿透玻璃窗
紫外線（UV）
X光
短波長紫外線 UV-C
中波長紫外線 UV-B
長波長紫外線 UV-A
可視光線
紅外線
10 200 290 320 380 780（毫微米）
表皮
真皮
皮下脂肪

根據NHK叢書「保護臭氧層」

●到達地表的太陽光線中，需要注意會對肌膚造成影響的 UVB 與 UVA。尤其 UVA 會侵入眞皮，從內部損傷肌膚。

毫微米（nm）=表示光線波長的單位 1nm 爲 100 萬分之 1mm

為了發揮美容的效力，首先要注意這些傷害

——紫外線（UVA＝長波紫外線 UVB＝中波紫外線）的影響

促進老化	
UVA	UVB
○	△

雀斑加深	
UVA	UVB
○	○

製造皺紋	
UVA	UVB
○	△

乾燥	
UVA	UVB
△	○

曬傷（發炎）	
UVA	UVB
×	○

立刻黑化	
UVA	UVB
○	×

延遲黑化	
UVA	UVB
○	○

●UVA 與 UVB 對肌膚造成影響的圖表。會到達眞皮爲止的UVA，是使肌膚變黑、製造斑點的原因，會損傷彈力纖維與膠原蛋白，是皺紋與老化的元兇。UVB 會在表皮引起發炎症狀，使肌膚發紅、變黑，促使斑點、雀斑增加，助長肌膚乾燥。

目前有測定紫外線防止效果的SPF（紫外線防止指數），不過這只是UVB的指標。具有預防UVB的效果，但SPF的測試標準依廠牌不同而有差異。絕對不要和其他公司的比較。

錯誤的基礎化妝法

了解紫外線之害是很好的事情，但因此卻產生了不管是什麼產品都必須具有防止紫外線效果的新信仰。

我詢問大家所使用的化妝品的型態當做參考。結果發現不只是打底的乳液或粉底，連化妝水、美容液等，有很多人都會使用具有防止紫外線作用的產品。

老實說，**連基礎化妝品都要求具有防止紫外線效果，未免太過分了。**

「我不知道為什麼不可以。我盡量謹慎地遮斷紫外線，這樣才能安心呀！」

聽到很多人這麼說。

使用基礎化妝品的主要目的是給予肌膚滋潤、消除疲勞，恢復肌膚的健康，因此含有各種成分，即使含有防止紫外線的效果的產品，其中所含的成分也非常少。不具有化妝品的效果。

因為加入防止紫外線的成分，就需要添加多餘的成分。而多加入的成分反而會有刺激肌膚的危險性。

即使日曬強烈，也不要改變平常所使用的基礎化妝品。使用粉底霜與化妝品，必要時只戴帽子或撐洋傘以保護自己就可以了。

美麗的秘密在於「水分」

平常的肌膚護理中，最重要的是什麼呢？

「只使用好的乳液，但是肌膚乾燥，容易出現小皺紋。因此盡可能在年輕時想要給予肌膚營養。所以使用油性的化妝水或乳液。

這個回答到底錯在哪裡你知道嗎？年輕時為了防止老化而充分注意，肌膚一旦乾燥時容易形成小皺紋。這些都是事實，但是其對策卻是使用營養霜，這就是錯誤的做法了。

各位必須捨棄肌膚需要油分的想法。這是一大錯誤。

如果有這種想法，則防止老化的努力及創造美肌的努力，所有的努力都白費了。

肌膚真正需要的不是油分，而是水分。關於這一點絕對不要弄錯了。

「肌膚乾燥。」

「肌膚乾燥、不容易上妝。」

相信很多女性都有這樣的經驗。這時的肌膚到底是處於何種狀態呢？用顯微鏡觀察皮膚時，會發現角質細胞乾燥、龜裂。就像在火上烤魷魚，魷魚會不斷地捲起來一樣。請各位想想這種狀況。角質是貯存皮膚水分的部分，其中含有天然的保濕因子（ＮＭＦ），能夠牢牢地捕捉水分，水分達二〇％時角質細胞膨脹，整齊地排列。這種狀態下肌膚非常滋潤、光滑。當然，也容易上妝。

但是，如果疲勞。體調不佳時，角質內的水分量降低，角質的細胞乾燥。出現縫隙或龜裂，這時肌膚會變得乾燥。肌膚乾燥的原因是因為角質的水分缺乏所引起的。

這時當然就不容易上妝，而且角質扭曲就容易形成小皺紋。放任不管就會成為可怕的皺紋。

為了保持滋潤的肌膚，成為自然肌膚美人，當然需要水分。這時就必須靠化妝水來補充了。美容液的使用目的就是由體外補充角質中的保濕成分。

我在序章中也談及「化妝水和美容液是基礎化妝品」的樞紐。我說這番話是有根據的。

當我這麼說時，

「可是營養霜不是可以給與肌膚營養嗎？」

一定有人會這麼說。

的確，一般人認為「營養霜」能夠給予肌膚營養，是含有許多油分的乳霜，但是即使含有維他命類，根本沒有用，不具有去除斑點或促進血液循環的效果。

營養霜的目的只不過是在皮膚表面形成油膜，防止水分蒸發而已。

年輕人的天然皮脂能夠充分防止水分蒸發，所以不需要營養霜。如果要利用化妝品輔助，則只要乳液就足夠了。乳液是水和油混合而成的，以油的含量而言具有最接近皮脂的性質。

但是，如果拼命塗抹營養霜，就好像將一個空盒子裝飾得很漂亮一樣，即使裝飾外觀，但裡面卻是空的，完全沒有意義。

不但沒有意義，反而有害處。年輕人塗抹含有很多油分的營養霜，使得毛細孔骯髒，當然會引起面皰，相信各位了解這一點。同時，油也是造成損傷的原因。油在皮膚表面長時間接觸空氣會產生氧化，變成壞油。這種刺激長時間持續時，就會引起肌膚的麻煩。也會成為日曬的斑點原因。

三十五歲到四十歲之間開始需要營養霜。這時，水分及天然的皮膚油膜，也就是皮脂會減少。此時就必須利用油以防止水分蒸發。不過最初只要塗抹在口唇周圍和眼睛周圍等特別容易乾燥的部位就夠了。

創造美肌並不需要多餘的油分，相信各位已經了解這一點了。真正重要的是避免水分缺乏，這才是美肌的一大原則。

2 利用最新皮膚醫學的馬野式醫學美容

接下來爲各位介紹我所實踐的馬野式美容方法。但基於什麼想法、採用何種美容方式呢？在此希望各位學會基本方法。自己進行時只要學會秘訣，運用時就很簡單了。

美麗、重點美容五大基本要件

馬野式臉部護理和肌膚護理，都要避免對於肌膚的強力刺激，主要目的是為了引出皮膚原本具有的恢復力。

這是美容醫學理論的基本中的基本。

當肌膚出現麻煩時，通常大家都會說「化妝品不好」。的確有一些與國人肌膚不合的化妝品。但是，光是將責任歸屬於化妝品，並不是好的辦法。

通常並不是化妝品不好，而是選擇方式或使用方式不對。

對面皰肌塗抹油性的按摩霜、乾燥肌卻用摩砂膏洗臉，雖是過敏體質，卻勉強持續化妝……。

如此一來，就會對肌膚給予勉強的刺激，當然會引起嚴重的麻煩。

那麼，真正的肌膚護理＝美容的意義到底是什麼呢？

仔細想想，暴露在直射的陽光下，塗抹充滿油分的化妝用品……，臉部的皮膚每天持續受到損害。有些人說：「為避免污垢附著，因此要打粉底。但這是嚴重錯誤的想法。極言之，粉底就是泥和油混合而成的物質。化妝只是保護肌膚免於紫外線傷害的手段，是使自己看起來更美的手，並不能防止灰塵。

能夠減輕肌膚的負擔，恢復肌膚原有的健康狀態的援助，就是肌膚的護理。

具體而言分為五大基本重點。

①手部療法

基本上盡可能直接用「手」護理肌膚。這是因為肌膚的狀態還是要用人類的皮膚，也就是手直接接觸才最容易了解。

皮膚科的診療法，很少像內科利用X光等診療機械，首先用眼睛觀察、用手觸摸是基本的方法。用眼睛觀察皮膚到底處於何種狀態，接著用手觸摸是否有顆粒，觀察發紅的情形、有沒有陷凹處，藉此觀察肌膚的狀態。

同樣地，直接接觸肌膚。就知道今天有點乾燥、不乾燥、不太油膩等，有助於了解皮膚的狀態。

能夠輕易的控制力量也是手部療法的優點。與機械不同的是可以依部位的不同而改變速度。稍後將詳細敘述，刺激美肌點時，也可以配合個人的要求，酌量增減力量。

當然，精神上的舒適也是重大要素。斑點的患者就是這樣的典型，每當有擔心的事情，或心中焦躁時，斑點就會加深。也就是說臉部的肌膚會受到精神狀態的影響。美容時用溫暖的手刺激肌膚，就能使精神放鬆，這也是醫學美容中手部療法的一大目的。

②不給與物理刺激

擦除清潔劑或用洗臉用的毛巾擦拭、按摩、使用化妝綿、衛生紙等——這時你會不會很自然地摩擦臉部呢？

肌膚護理通常都會摩擦臉部。

「用美容刷摩擦臉部會出現斑點喔」有些人知道這一點，但是對於平常的動作卻掉以輕心。可是單純的動作卻會刺激肌膚，即使只是輕微的刺激，但每天持續時，對肌膚的影響也很大。

醫學美容的方式是盡可能不使肌膚物理的刺激，即使是小的道具，也準備了不會造成肌膚刺激的道具，盡量下工夫，不要刺激肌膚。

當然，像撕下型的面膜、摩砂膏，美容刷等是強力的物理刺激，醫學美容完全不使用這種方法。

③ 不給與化學刺激

專家所使用的美容用品中，有些與一般化妝品的成分不同。這些能夠發揮美容效果，但相反地也會對肌膚造成刺激。刺激是造成斑點和老化的原因。

因此，醫學美容絕不使用會刺激肌膚的成分。

在家庭中有些人會使用軟膏或藥物護理肌膚。例如使用以前用過非常有效的軟膏或是由皮膚科拿回來的含有副腎皮質的軟膏等。

相信大家都知道，使用副腎皮質荷爾蒙的人，即使是罹患嚴重的濕疹或過敏，一旦使用這種軟膏，只要一天的時間就會變成非常美麗，但是長期使用時會使皮膚變薄、對刺激的抵抗力減弱，變成不用這些軟膏時，肌膚立刻出現問題。因此，在醫師的管理之下，即使還留下一些藥物也不可以使用。

其他的市售軟膏，其治療目的大都含混不清，對於任何症狀都無效。

④促進血液循環

該如何做才能發揮自然治癒力呢？馬野式的方法就是要進行美肌點的刺激。臉和身體上有很多美肌點。**刺激這些點就能促進血液循環和淋巴液的循環順暢**。一旦循環順暢，肌膚就會變得美麗，而且使身體的新陳代謝旺盛。同時使得多餘的水分和脂肪的代謝順暢，整個身體就能變成健康苗條。

⑤提高自然治癒力

人類的身體具有自然恢復健康的力量，稱為自然治癒力。馬野式美容藉著刺激美容點等，充分發揮自然治癒力，引出個人所具有的肌膚最佳狀態。

馬野式系統不需使用特別的道具或機械，只要你願意，從現在開始你便可以隨時實行。

自行美容應用術

其次介紹馬野式美容的方法，這個方法只要在家庭中就能實行。

（步驟1）蒸臉，使污垢浮出來

護理的基本方法，就是去除肌膚的污垢、保持清潔。美容時，利用清潔液和洗面皂洗臉、卸妝後（當然不可以使用美顏刷，只用手洗臉），然後開始去除污垢。

只靠平常的護理沒有辦法去除的污垢能夠仔細清除，這就是美容的精髓。

首先，利用特殊的柔軟化妝水柔軟肌膚之後，用比體溫稍熱的蒸氣蒸臉三到十分鐘。很多人認為污垢只要搓洗就能去除，或是將面膜撕下來就能去除污垢，但不須如此，只要使污垢浮上來就可以了。利用蒸氣使皮膚柔軟、毛細孔張開，老舊的角質膨脹後，毛細孔中的污垢就會浮上來。

●自行美容——可用裝著熱水的洗臉盆中的蒸氣或熱毛巾，蒸臉後就可以進入下一個階段了。我再強調一次，光是拼命摩擦無法去除毛細孔的污垢。

（步驟2）　吸出毛細孔的污垢

毛細孔張開後，積存的污垢浮上來，這時就要將其吸出，使用吸引器吸除污垢，尤其長面皰的人，因為脂肪阻塞，因此必須使用細的吸口吸除脂肪，非常有趣的是，能夠吸出脂肪的硬塊。

但是遺憾的是無法在家庭中直接進行這種方法。最近，市售的家庭用吸引器開始流行，但是吸引力很弱，不具有除毛細孔污垢的力量。

「畢竟在家庭中美容還是有其界限存在。」

不要因此而失望。藉此掌握「讓污垢浮上來」再去除的秘訣非常重要。

●自行美容——用溫水仔細洗臉，能夠發揮同樣的效果。

洗臉時你是使用熱水或溫水？正確的解答是使用溫水。利用洗面皂洗臉是美肌的基本要件。忽略這種做法與妥善實行這種做法的人，肌膚的透明感完全不同。而且必須用水沖洗好幾次。

（步驟3）　利用電離子透入療法補充維他命C

肌膚清潔後，就要補充水分和維他命C。

馬野式美容是使用電離子透入療法。利用微弱的電流讓維他命C滲透到皮膚內。當然，維他命C是使用容易滲透到皮膚內的維他命C誘導體。

●自行美容——使用能夠提高保濕效果的美容液代替敷面劑也能發揮效果。

（步驟4） 利用按摩促進血液循環（每週一次）

肌膚恢復滋潤時，就要開始進行臉部的美容點法。這裡所使用的按摩霜，是以不含油分的保濕劑為主要的按摩霜，因此即使是油性肌或有輕微面皰症狀的人，也可以安心使用。如果面皰化膿的人，不可以按摩，因為刺激會使發炎症狀惡化。

●自行美容——先前已談及，如果不是經由專家進行按摩，反而會增強刺激。形成斑點皺紋。必須刺激能促進血液循環，使肌膚恢復生氣的美容點才行。

（步驟5） 利用美容點法促進身體的血液循環

為了促進皮膚的血液循環，就必須使頸部和肩膀的血液循環順暢。因為臉部的血管通往頸部和肩膀。所以整個身體都要按摩，這時因為身體和臉不同，所以乾燥肌的人必須使用油。

●自行美容——刺激整個身體的美容點。

（步驟6）　利用生化提舉法緊縮臉部

你是否認為鬆弛的肌膚無法復原呢？鬆弛的雙下巴、臉頰和下垂的眼尾等，如何使其上抬呢？

原本我認為這是辦不到的，但是導入了生化提舉法後，效果驚人。整個臉型真的完全不同了。有人說：「為了證明是否真的有效，請先做半邊的臉試試看。」我也覺得很有趣，於是嘗試這種方法。十分鐘之後看成果。這個人才二十三歲，進行了生化提舉法之後，右側的臉和左側的臉完全不同了。

首先是臉頰緊縮，看起來比左側更為光滑。口角上抬。最令我感到驚訝的是眼睛，原本稍微腫脹的眼睛，贅肉完全去除了，變成非常清晰，睫毛向上呈現美麗的弧形。當然，右眼比左眼看起來更大了。

●自行美容——生化提舉法是利用低周波的刺激緊縮肌膚的方法，捏起皮膚使肌肉收縮，而產生輕微的疼痛感，利用這個刺激使鬆弛的肌膚緊縮。自行美容時，必須刺激會對肌肉發揮作用的美容點，就能夠使皮膚恢復彈性與張力。

3 了解自己的肌膚到何種程度？「醫學自我診斷病歷」

「我要成爲一個好女人」你很有自信地說，但是在此之前不要忘了檢查肌膚。馬野式美容首先要大家塡寫醫學問診表，這是進行美容的基本方法。

護理的基本是一分鐘臉部檢查

從次章開始進入實踐篇，在此必須先製作「醫學自我診斷病歷」。

肌膚檢查從三方面診斷肌膚。

①了解肌膚潛在的問題傾向。

②肌膚屬於油性肌、乾性肌、還是普通肌，了解肌膚的性質。而且必須檢查臉的哪個部分是油性或乾性的。

③檢查平常的護理法是否錯誤。

肌膚的麻煩大致分為三種：

●容易出現斑點。
●過敏體質。
●容易長面皰。

一天抽幾根煙、睡眠時間多少？戴耳環時會不會出現斑疹……。看似健康的肌膚，也必須一一測試對肌膚造成的負擔、麻煩的有無或生活習慣等。

事前檢查這些麻煩傾向，就自行美容而言，也是一種預防的方法。

●每天為肌膚進行早、中、晚一分鐘檢查法

為了瞭解自己肌膚的性質，必須準備肌膚的檢查單。

檢查一天進行三次，邊照鏡子邊進行。利用自己的眼睛檢查之後，敏感度最高的食指可用來觸摸肌膚以檢查其狀態。

「這麼麻煩的事情，一天必須進行幾次呀？」也許你會發出哀號。但是肌膚每天都在變化，一定要配合變化，勤於改變護理方法，這一點非常重要。

早——洗臉之前，臉的哪一個部分會泛油光，或是乾燥、肌膚是否發黑等都要檢查。洗臉後脂肪去除了，任何人都會有緊繃感。但緊繃的感覺到底哪個部分特別強，也是檢查的重點。

午——其次，大部分的人午休時都會照鏡子。是否察覺到過了一段時間後，粉底會強調出肌膚的缺點。到盥洗室照鏡子觀察臉部，表情紋的部分粉底會散開，額頭及鼻子會發光。你是否因此而感到驚訝呢？肌膚乾燥的部分容易變得粉粉的，出現細的直紋……。檢查自己的肌膚到底變成什麼樣子。

晚——最後是夜晚護理時。化妝持續一整天，疲累的肌膚會乾燥或出油。

藉著這些檢查，①了解自己肌膚的基本性質、②了解哪些部分特別容易乾燥、哪些部分特別油，也就是說對於當天基本的肌膚性質及部分的肌膚性質都能掌握。

此外，因季節不同，肌膚的性質也會改變。利用檢查肌膚的性質了解改變的傾向。乾燥的部分必須給與水分，油的部分不要塗抹乳液，進行每一個部分的護理。很多人認為肌膚的煩惱是某一天突然發生的。

「有一天，照鏡子的時候看到出現了這個斑點。」

「當我發現時，整個臉上都長滿了面皰。」

我在診所中遇過很多這種人，但是只要不是過敏和斑疹，肌膚絕對不會在某一天突然惡化。斑點和皺紋每天慢慢地產生變化。也就是說，只要能敏感地反應每天的肌膚變化，就能保持肌膚隨時維持健康的狀態。

測驗 面皰、斑點、過敏——你的潛在問題檢查

✻✻✻✻✻✻✻✻✻✻✻✻✻✻✻✻✻✻✻✻✻✻✻✻✻✻✻✻✻✻✻✻✻✻✻✻

前往美容沙龍的女性，幾乎都有一些肌膚的麻煩。其中最常見的就是面皰、斑點、過敏這三項。「我沒有什麼麻煩」，但還是存在一些潛在的問題因子——一定要加以檢查。下列 1 至 45 個問題中，符合的問題請打○。

START

1 喜歡戶外運動、很喜歡開車……………………□
2 季節交替時肌膚容易產生問題………………□
3 晚上很晚時還吃東西……………………………□
4 手腳冰冷症………………………………………□
5 孩提時代曾罹患水痘及天花…………………□
6 一天化妝的時間超過 8 小時以上……………□
7 ＡＭ10:00 到ＰＭ3:00 之間
會洗衣服或外出……………………………………□
8 曾因為化妝品引起肌膚的問題………………□
9 胃腸較弱……………………………………………□

✻✻✻✻✻✻✻✻✻✻✻✻✻✻✻✻✻✻✻✻✻✻✻✻✻✻✻✻

10 一天抽 10 根以上的香煙……………………□
11 一旦流汗或曬太陽時，會發癢……………□
12 生理不順………………………………………□
13 外出時不化妝的機會較多 ……………………□
14 手指曾出現小水泡或脫皮 ……………………□
15 喜歡吃中國菜而非日本料理 …………………□
16 以前經常曬得非常黑………………………□
17 容易發癢、長濕疹……………………………□
18 對於食物的好惡偏激，有偏食的傾向 ………□
19 喜歡滑雪，春天時經常滑雪 …………………□
20 眼睛，口唇周圍經常發紅、發癢 ……………□
21 喜歡吃煎餅和小零嘴…………………………□
22 經常憂鬱煩惱，情緒容易低落 ………………□
23 臉部某些部分像粉一樣，非常乾燥 …………□
24 洗臉後即使不塗抹保養品，肌膚也不會緊繃 ……□
25 經常使用自家製的敷面劑或化妝水 …………□
26 嘴唇的直溝很深，有時候會發紅或脫皮 ……□
27 基礎化妝時經常塗抹油分較多的乳液或乳霜 ……□

✲✲✲✲✲✲✲✲✲✲✲✲✲✲✲✲✲✲✲✲✲✲✲✲✲✲✲✲✲✲

28 幾乎不補妝……………………………… □
29 父親或母親的肌膚較差 ………………… □
30 有時未卸妝就睡覺……………………… □
31 經常熬夜………………………………… □
32 因為戴耳環或項鍊而出現斑疹 ………… □
33 經常用乳液或油按摩…………………… □
34 一週喝酒二次以上……………………… □
35 穿著尼龍製褲襪或內褲會發癢 ………… □
36 如果不使用磨砂膏洗臉，就會覺得洗不乾淨 ……… □
37 夏季時肌膚曬成小麥色 ………………… □
38 即使塗抹化妝水或乳液，肌膚也容易乾燥 ………… □
39 使用卸妝油卸妝………………………… □
40 用美容刷和尼龍巾洗臉和身體 ………… □
41 經常更換化妝品………………………… □
42 生理期前容易長腫泡…………………… □
43 服用避孕丸……………………………… □
44 被蚊蟲叮咬後不容易好 ………………… □
45 頭髮容易掉在臉上或額頭上，經常要拂開 ………… □

測驗結果診斷

下列的回答欄檢查以○表示，一個○為一點，計算點數。

															合計點	
1	4	7	10	13	16	19	22	25	28	31	34	37	40	43		A型
2	5	8	11	14	17	20	23	26	29	32	35	38	41	44		B型
3	6	9	12	15	18	21	24	27	30	33	36	39	42	45		C型

判定

A、B、C中點數最多的一區就是你的潛在問題。請參考肌膚護理建議。下面的三角形圖表也可以檢查自己的點數，將點數連接起來，做成三角形。因為問題傾向會隨著季節而改變，因此必須經常檢查。

肌膚護理建議

A型（斑點傾向）

- ●盡可能避免紫外線
- ●擁有充足的睡眠
- ●多攝取維他命C

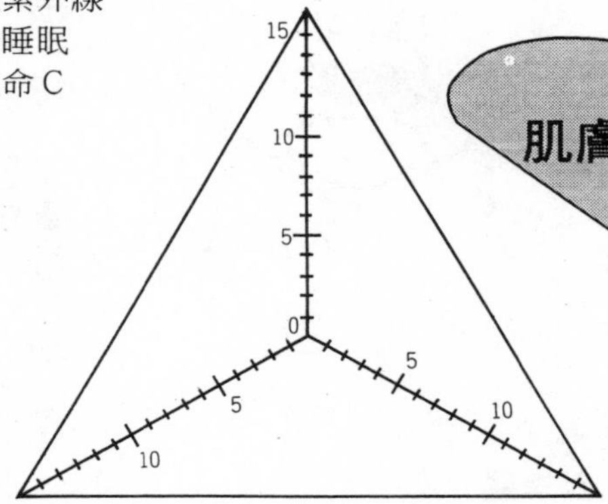

B型（過敏傾向）

- ●不要使肌膚乾燥，補充水分、努力保濕
- ●發癢時就要看皮膚科醫師

C型（面皰傾向）

- ●勤於洗臉，保持肌膚清潔
- ●基礎化妝品等不要使用含有油分的產品

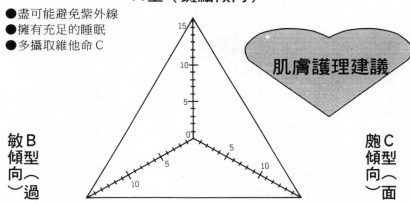

我的肌膚檢查單

太陽穴
- 是否乾燥
- 是否油膩

早

午

晚

T區
- 是否油膩
- 鼻子的毛細孔是否明顯

早

午

晚

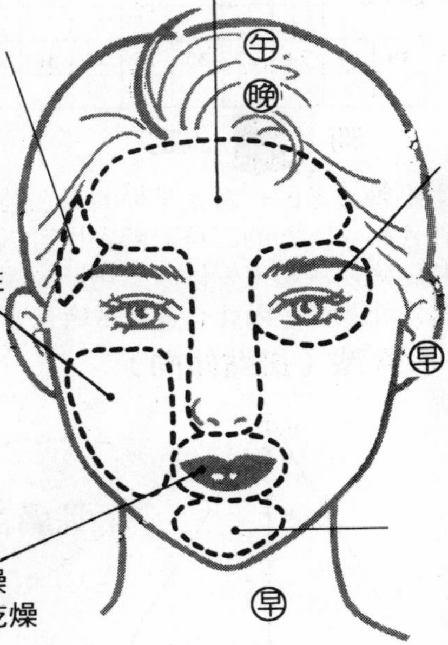

臉頰
- 是否乾燥
- 是否有彈性
- 是否發黑

早

午

晚

眼區
- 是否乾燥
- 是否佈滿皺紋
- 是否有彈性
- 是否浮腫

早

午

晚

口唇周圍
- 唇是否乾燥
- 嘴角是否乾燥

早

午

晚

下巴
- 是否油膩

早

午

晚

身體檢查
- 是否發紅、乾燥
- 指甲的顏色是否美麗
- 是否有浮腫現象
- 有沒有和平常顏色不同的部分
- 在不知不覺中，是否出現了黑痣

其他（　　　　　　　　　　　　　　）

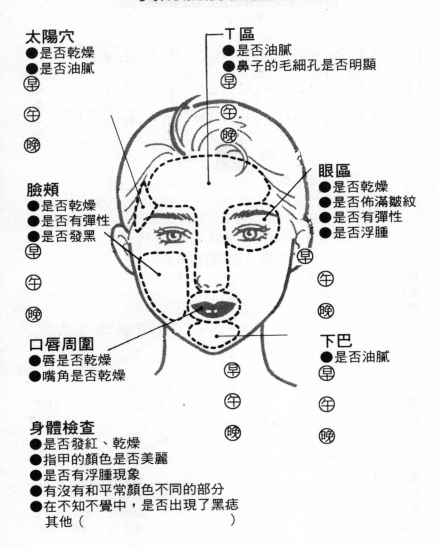

醫學自行診斷病歷

1 一天洗臉幾次？
（　　　　　）次
2 使用什麼東西洗臉
海綿、美顏刷、紗布、手
3 使用何種洗面劑
摩砂膏、肥皂、洗面乳
其他（　　　　）
4 是否進行清潔劑和肥皂雙重洗臉？
是　　　　　　　否
5 清潔劑的型態為何？
擦拭型、沖洗型
6 清潔劑的種類是？
油、凝膠、乳液、乳霜、其他（　　　　　）
7 使用何種型態的敷面劑？
撕下型、沖洗型、面罩型、其他（　　　）未使用
8 是否按摩
是（　月　　次）否
9 使用什麼清洗身體？
綿布、尼龍巾、麻、豬鬃刷、海綿
普通刷子　絲瓜布　洗澡布　紗布　其他（　　　）
10 日曬對策為何？
帽子　洋傘　防曬乳　粉底　粉底霜　乳液
其他（　　　　　）
11 是否為了美容健康而服用一些物品？
維他命 B_2 B_6 B_{12} A E C 綜合維他命劑健康食品，健康茶、其他（　　　　）
12 是否有常用藥？
避孕丸、漢方藥、其他（　　　　　）、未使用
13 使用何種基礎化妝品？
1 只有化妝水　2 化妝水、乳液
3 化妝水、美容液　4 化妝水、乳液、乳霜
5 化妝水、乳液、美容液、乳霜
6 其他（　　　　）

自行診斷病歷回答

1	如果覺得油膩時，一天洗三到五次也無妨
2	使用手最好。如果使用道具而摩擦過度，會成為肌膚乾燥的原因。
3	摩砂膏等不適合國人，會成為傷痕和斑點的原因。
4	早上用肥皂洗臉，晚上進行雙重洗臉。
5	沖洗型較好。擦拭型會損傷肌膚。
6	油性清潔劑的油分會殘留在肌膚上。不管是油性肌、乾燥肌都必須注意。
7	認為敷面能夠去除污垢的想法已經落伍了。尤其撕下型會傷害肌膚。敷面必須考慮使用保濕物質。
8	按摩過度會成為皺紋、鬆弛的原因。
9	普通的刷子、尼龍巾容易造成斑點。
10	不知不覺中容易曬傷，所以帽子、防曬乳是必須品。
11、12	飲料、藥物有時會成為斑點、皺紋、面皰的原因。
13	檢查是否採取適合自己肌膚的使用法。化妝品使用過度時會造成肌膚的抵抗力減退。

第二章

吸引、保濕、牽引效果可以自己進行的家庭美容秘密

——臉部和身體的九區變身課程

1 臉部護理、最新肌膚護理

只需要必要最低限度的化妝品就ＯＫ

馬野式的重點課題，在於洗臉和保濕。去除肌膚的污垢、保持滋潤。這是恢復肌膚健康的基本條件。必須準備的化妝品為，

①洗臉用品——當然是雙重洗臉。去除化妝品的油脂、污垢，所以要使用「清潔劑」，為了完全去除污垢，必須準備洗面乳。

②保濕——準備能給與角質水分的「化妝水」，為了由體外補充角質中所含的保濕成分，因此「美容液」是不可或缺的用品。

③油性成分——這是只有乾燥部分需要的物品。依季節或乾燥程度的不同，必須準備「乳液」。

④按摩——馬野式平常是利用不論任何人都能安全進行，而且能夠確實產生效果的三十秒美容液按摩法。每週進行一次的美容點法使用乳液型，而身體

按摩則使用油型。

除此之外，尤其是撕下型的敷面劑，或是含有磨砂膏的化妝品，最好不要使用。

不要忘記先前敘述的「選擇方法」

必須注意選擇方法。為了保護重要的肌膚，一定要慎重選擇。

☆洗臉劑的選擇法

「因為冬季時乾燥，所以只用清潔劑擦拭而已。」

「覺得很麻煩，所以只用洗面皂洗臉。」

有很多人會這麼做。不化妝的人只用洗面皂洗臉還可以，但是化妝的人一定要進行雙重洗臉。雙重洗臉並不是指洗二次臉。

●使用清潔劑的主要目的是使化妝用品的油分浮在肌膚上。因此選擇含有油分的清潔劑較容易清潔。但是，必須以**「油分維持在最低限度」**的基準而選擇。清潔油的油分會殘留在肌膚上，因此最好不要使用。而擦拭型使用後用衛生紙擦拭時，會刺激肌膚，因此最好使用沖洗型。如果使用擦拭型時，一定要用化妝綿或衛生紙沾水之後再擦拭，才能減少對肌膚的負擔。

●使用洗面皂洗臉，主要目的是去除殘留在肌膚上的清潔劑與污垢。因此，最好利用試用品先感受該產品的使用感後再選擇。**洗臉後不會感覺肌膚緊繃，而且也不會覺得粘滑較好**。也就是說，沖洗時手摸到臉有一種舒服的感覺就可以了。

乾燥肌用的洗面皂在洗臉後，肌膚感覺非常滋潤。

很多人認為「肌膚緊繃、感覺很不舒服」，因此滋潤型商品受人歡迎。

但是這是錯誤的感覺。洗臉後因為皮脂脫落，多少會產生緊繃感，滋潤表示污垢尚未去除。也就是未達成洗臉的目的。皮脂老舊後就和氧化的油一樣。因為會刺激肌膚，所以一定要加以去除才行。

即使是乾燥肌，污垢全部去除之後再補充水分就可以了。與其貼上乾燥肌、油性肌的標籤，還不如重視自己的「感覺」。

使用嬰兒皂也有問題存在。為了防止細菌繁殖而加入的殺菌劑，會成為刺激肌膚的原因。畢竟這是適合嬰兒用的製品。

☆化妝水的選擇

洗臉後去除了污垢，但是覆蓋在皮膚上的皮脂膜也被去除了。也就是說，肌膚好像脫除甲殼的烏龜一樣，完全處於無防備狀態下。如果放任不管，則水分會大量蒸發，容易形成小皺紋。洗臉後到皮脂分泌出來恢復了原先的肌膚為止，依季節不同，一般人大約需要花二至四小時。

因此，皮脂恢復之前必須使用化妝水。

化妝水是以水分為主，加入保濕劑的物質。油性肌使用的含有酒精，所以感覺清爽，乾燥肌用的則含有保濕劑。

到底該選擇何種型態呢？

化妝水對於補充水分而言是必要的物質，因此基本上當然要遵從油性肌用、乾性肌用的原則。不過，即使是乾燥肌的人，通常也不會整個臉都乾燥。仔細觀察鏡中的自己，鼻子和額頭附近應該不會乾燥吧！

因此，屬於輕微乾燥肌的人，使用普通型。至於乾燥的部分只要補充美容液和乳液就可以了。如果屬於油性肌膚，則必須盡可能維持在最小限度的使用量，這就是馬野式的基本原則。

☆美容液的選擇

皮膚的角質含有天然的保濕劑，先前已敘述過了。**美容液就是由體外補充的保濕劑，確保肌膚的水分**。保濕劑包括透明質酸等，有各種不同的物質。最近也有使用生化科技利用微生物等所製作而成的保濕劑。價格非常昂貴。

但是，美容液通常沒有特別指定成分。因此就有一個小問題產生。如次負的表所示，同樣的保濕劑效果卻不同，不過不論哪一種都具有強力的保持水分的力量。因此能夠保持皮膚的濕度。

但其中一〇〇%油性的物質，也可能以美容液之名銷售。這些並不是保濕劑，而是強力的乳液，目的完全不同。

購買美容液時，一定要先確認其成分後再買。

☆乳液的選擇

水分和油分混合起來就是乳液。依油分量的不同，分為輕爽型與滋潤型。

現在受人歡迎的美容液　滋潤成分的秘密

—保濕劑一覽表

如果還有人相信要用油來護理肌膚的話，那可就大錯特錯了。如果不認真地補充水分，肌膚就會衰老。現在有很多新的保濕劑上市，一定要好好地檢查與確認。

透明質酸

真皮的成分之一。磨碎公雞的雞冠加以萃取。1g 中具有 6ℓ 的保水能力，能使肌膚滋潤、保濕。

生化透明質酸

利用生化科技能夠大量生產原本生物體中含有的透明質酸。價格更便宜，而且保水能力良好。

卵磷脂

存在於蛋黃或大豆中，是構成皮膚細胞的成分。與肌膚的密合性極佳，能夠維持肌膚滋潤。

當歸

自古以來經常被利用的生藥，對婦女病有效。塗抹在皮膚上，能夠發揮良好的保水能力，防止肌膚乾燥。

糟粕皮精

從桑屬植物的根皮抽出的成分，能夠抑制黑色素的生成，也能夠發揮消炎、保濕的效果、保護肌膚免於紫外線的傷害。

膠原蛋白

構成真皮的成分之一。由小牛的真皮抽出精製而成。塗抹於表皮，能夠提高角質層的保濕與保護作用。

彈力纖維

和膠原蛋白同樣的，是構成皮膚真皮的纖維狀蛋白質。具有形成保水膜的作用，能使肌膚柔軟、光滑。

磷脂質

細胞膜的主要成分，保護細胞免於外界的傷害。能夠提高肌膚的親和性，也能夠幫助其他美容劑的滲透，具有良好的保濕作用。

海藻精

從海藻中的礦物質成分等抽出。含有與角質層的成分相同的成分，能提升肌膚原有的機能。

（由資生堂・佳麗寶・ＰＯＬＡ・高斯各公司的資料作成）

種類較多也是乳液的特徵。

比起化妝水而言，乳液的效果較高。老實說二十多歲的人不需要乳液。洗臉後經過一段時間就會分泌出皮脂，這時如果塗抹乳液，則油分太多了。二十多歲到三十五歲之前的人，平常的護理只要使用到美容液為止就夠了。

但是如果出現乾燥的部位時，就要塗抹乳液。塗抹後如果感覺滑滑的，表示油分較多，不可以使用。在賣場購買時，必須確認使用感，選擇清爽型。

☆按摩劑的選擇

分為臉部和身體的部分別加以探討。

●臉部——稍後為各位敘述，每天輕輕地按摩必須使用美容液。每週一次的美容點法則使用乳液型（放在手掌上立刻能均勻分散）。因為含有油分，所以會殘留在肌膚上，如果事後未使用洗面皂洗臉，則皮膚會油膩。使用乳液也是同樣的道理。

●身體——使用油。身體和臉不同，因為平常容易乾燥，因此可以使用油，但使用後還是必須進行淋浴，以沖洗掉油分。

創造美肌的五大重點

必要的化妝品已經準備好了。以下介紹馬野式美肌重點：

①保持皮膚清潔
②不要給與皮膚不需要的刺激
③將肌膚分為各個部分，採用不同的護理法
④防止成為斑點及老化原因的紫外線
⑤對於乾燥的肌膚不要補充油分，必須補充水分

大家都知道肌膚的護理，很意外的是很多人都會以「自己的想法」而加以解釋。真正的美容效果就是實際創造出美麗的肌膚。因此，每天的洗臉、基礎化妝品的使用法技巧等都必須加以掌握。藉此就能得到與前往美容沙龍同樣的效果。一定要熟悉下述三步驟：

步驟1　清潔劑效果

使用清潔劑的主要目的是為了去除化妝品的油污。

美容的第一步就是這個「體貼清潔法」

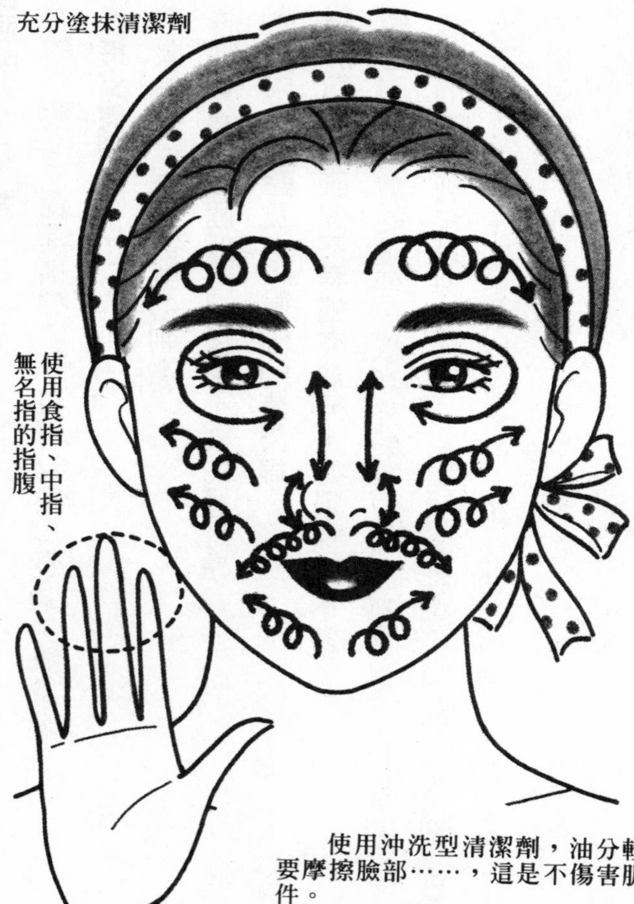

使用沖洗型清潔劑，油分較少。不要摩擦臉部……，這是不傷害肌膚的條件。

塗抹清潔劑的同時，如圖所示，由臉的中心朝外伸展爲塗抹的秘訣。這時必須留心地塗抹到各個角落，不要遺漏任何一部份。

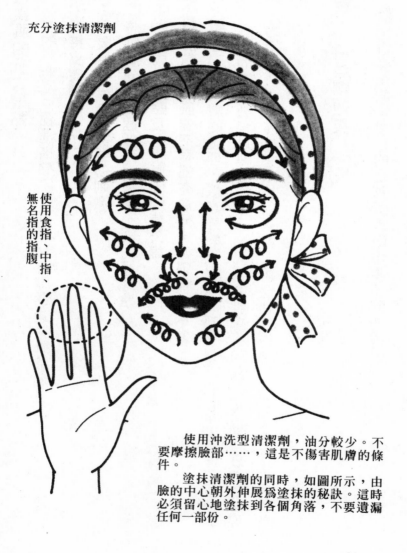

必須注意的是，絕對不要用手用力摩擦臉部，使整個臉變得通紅。用力摩擦會成為斑點和皺紋的原因。不要捨不得使用清潔劑（沖洗型），必須使用足夠量，這才是美容的正確知識（參照前頁）。

將適量的清潔劑置於手上，塗抹於額頭、兩頰、鼻頭、下巴，然後攤開於整個臉上。這時，眼睛周圍、額頭邊緣及下巴周圍也必須塗抹，這些部位容易殘留化妝品的污垢。一邊洗臉一邊照鏡子，就會發現眼睛周圍都變黑了，為避免這種情形，眼睛周圍必須另外用化妝綿擦除附著的化妝品。

使用防水型的眼部化妝品時，必須利用專用的眼部清潔劑去除化妝品。

塗抹清潔劑時，必須使用指腹，由臉的中心朝外，好像輕輕地撫摸似地塗抹。

「使用清潔劑時一併按摩比較方便呀！」

也許你會這麼說，但是絕對不要這麼做。使用清潔劑的主要目的是為了去除污垢。長時間將污垢摩擦到肌膚內當然不好。所以當污垢浮上來時就要立刻沖洗掉。

步驟2 洗臉的過程分為四項

只要好好地洗臉，保証你一定可以得到美肌。

●準備 洗臉前先用肥皂洗手。這樣做才能充分揉起泡沫。

●預洗 夏季時當然很想用水直接潑在臉上洗臉。但是水沒有辦法充分去除油分，而太熱的水則會去除過多的皮脂。所以使用比體溫稍低的**溫水（30至35度左右）**是剛剛好的溫度。用手觸摸時覺得有一點溫涼的感覺就可以了。

首先用水拍打臉部三至四次，進行預洗。能夠去除附著在表面的灰塵和污垢，同時也能使洗面皂充分起泡。

●本洗 用洗面皂洗臉必須是利用泡沫洗臉。用手掌將洗面皂充分摩擦起泡後，好像旋轉泡沫似地移動手指，絕對不要將洗面皂直接塗抹在臉上而打起泡沫。醫學美容沙龍中的作法是為了打起泡沫而使用刷子。

尤其是油膩的T區必須用指尖仔細清洗。鼻翼的陷凹處及太陽穴也不要忘了清洗。

仔細清洗、使你更美麗的「牛乳洗臉法

—8 個程序

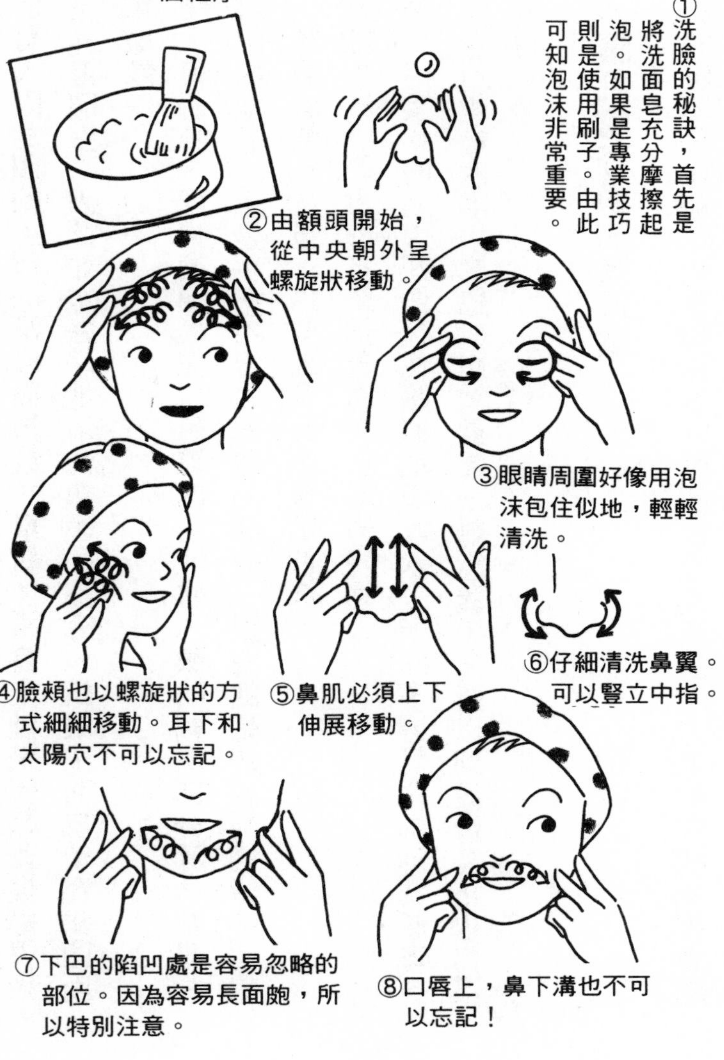
①洗臉的秘訣，首先是將洗面皂充分摩擦起泡。如果是專業技巧則是使用刷子。由此可知泡沫非常重要。
②由額頭開始，從中央朝外呈螺旋狀移動。
③眼睛周圍好像用泡沫包住似地，輕輕清洗。
④臉頰也以螺旋狀的方式細細移動。耳下和太陽穴不可以忘記。
⑤鼻肌必須上下伸展移動。
⑥仔細清洗鼻翼。可以豎立中指。
⑦下巴的陷凹處是容易忽略的部位。因為容易長面皰，所以特別注意。
⑧口唇上，鼻下溝也不可以忘記！

●沖洗　這是創造美肌的最重要重點。

以前有人因為額頭上留的瀏海而形成小皺紋。事實上她是因為頭髮剛燙過，為避免弄濕頭髮，因此並未好好地清洗額頭的部分。結果洗面皂留在額頭而形成了小皺紋。

用雙手覆蓋臉，就會發現髮際、鼻翼的陷凹處、臉的輪廓部分等，都是會從手部露出的部分，也是手指不容易到達的部分。這些就是較容易殘留洗面皂的部分。整個臉都清洗後，這些部分必須特別沖洗。

●拍打　最後要用冷水輕拍幾次，使肌膚緊縮。

洗臉後用柔軟的毛巾好像包住臉似地吸收水分。好不容易仔細地洗臉後，如果最後卻用粗糙的毛巾摩擦肌膚，就完全無意義了。所以到最後為止也都不能掉以輕心。

步驟3　讓肌膚舒適的護理術

肌膚的護理，在被化妝水和汗水弄髒的夜晚及清晨是完全不同的。皮膚細胞的新陳代謝在夜晚十點到凌晨二點時最旺盛。肌膚甦醒時為了使其恢復健康的護理，就是夜晚的護理。

同樣是夜晚的護理，有些是每天進行的，有的則是每週要特別進行一次的。

●**每天的護理**　雙重洗臉結束後，就要補充水分，嬰兒的肌膚非常光滑，就是因為含有充分的水分。基礎化妝時，最基本的工作就是**補充水分和保濕**。

①**化妝水**——必須充分使用化妝水。將化妝綿沾上一至二匙的化妝水，好像輕拍似地補充肌膚的水分。絕對不可以用化妝綿摩擦。

②**美容液**——美容液的使用目的是使得補充到肌膚上的水分能夠停留在肌膚上。

「醫師，多餘的美容液可不可以塗抹在頸部和手部呢？」

有人會這麼問。當然，也可以這麼做，但是不需要塗抹這麼多，只要能夠整個塗抹在臉上就夠了。如果使用滴管，只要滴二至三滴就夠了。

這時利用指腹進行螺旋移動，進行**三十秒的簡易按摩**。充分活用中指和無名指（一〇〇頁）。

一天一次美容液 30 秒按摩法，使肌膚生氣蓬勃

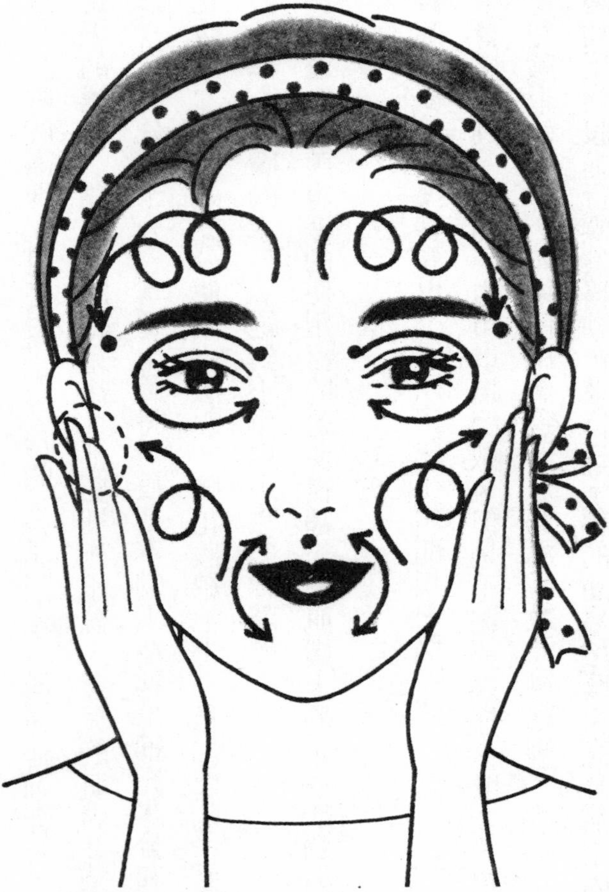

●使用美容液時要花點工夫，用中指和無名指的指腹如箭頭所示的方向按摩，就能促進血液循環。改變肌膚的光澤。這時太陽穴，眼頭上方的陷凹處，鼻下溝中央的美容點加以按壓更有效。

皮膚的血液循環不良時，整個肌膚的膚色不好，非常暗沈。因此，為了使血液循環順暢，只要稍微移動表面就足夠了。如果按摩到臉部發紅，就是給與肌膚超出必要以上的刺激了。

③乳液——一般的護理只要使用到美容液就可以了。如果肌膚上有非常乾燥的部分，則只要在這個部分塗抹乳液即可。

●每週一次的特別課程　一週一次，例如星期五的夜晚或星期六的夜晚必須仔細護理肌膚。特別課程的護理就是將重點置於有缺點的部分，加強肌膚的護理。

因此，要在平常的護理中加入敷臉和特別按摩。

①**蒸臉**——能夠促進血液循環，使新陳代謝旺盛的就是蒸臉。一週一次的肌膚活性劑，能使疲憊的肌膚復甦。進行雙重洗臉之後進行蒸臉，洗臉盆中裝滿熱水，用臉抵住蒸氣，或是利用熱毛巾蓋在臉上二至三分鐘也可以。

②**美容點刺激**——任何人都有擔憂的臉部部位。像眼尾的小皺紋、眼頭的鬆弛等，都令人感到在意。或是希望擁有清晰美麗的下巴。

●三個敷面技巧

利用不同的方法使肌膚煥然一新

蒸臉

◀感覺肌膚疲累時可以使用。利用蒸氣抵住臉二至三分鐘。或使用熱毛巾蓋在臉上也可以。

美容液敷臉

▶眼睛和口唇周圍是非常容易乾燥的部分。可用沾有美容液（或是化妝水十幾滴美容液）的化妝綿貼二至三分鐘。

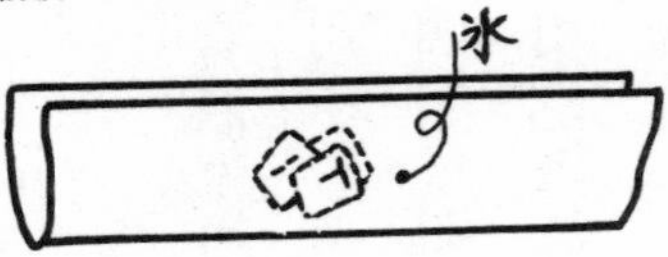

冷敷

▲使發燙的肌膚沈靜下來。如圖所示，用事先冰過的毛巾和冰緊縮臉部。時間為二至三分鐘。

能夠突現這些願望的方法就是美容點刺激法。詳細作法稍後敘述。可配合個人的希望進行按摩。

③冷敷——將因為按摩而發燙的臉緊縮的方法，就是冷敷法。利用放入冰箱中冰過的毛巾或冰塊使皮膚緊縮。

「這種忽冷忽熱的做法會不會對肌膚造成刺激呢？」也許你會因此而感到擔心。

物理的刺激和化學的刺激會傷害肌膚，可是適度的溫度刺激反而能給與肌膚適當的活力。溫熱後血管擴張、冷了之後就會緊縮。這種血管的運動能使自律神經清醒，使新陳代謝旺盛。

④美容液敷臉——冷敷結束後，和平常一樣充分塗抹化妝水、塗抹美容液。這時，眼睛和口唇周圍、臉頰等容易乾燥的部位，必須用美容液敷臉。

乾燥的原因是因為缺乏水分。

即使塗抹油分較多的乳液，也沒有辦法補充水分，因此利用美容液敷臉，到了第二天早上肌膚變得非常光滑。

臉部美容基本課程

每天的護理

清潔劑
↓
洗臉
↓
化粧水
↓
美容液
（同時進行 30 秒按摩）

一週一次的特殊課程

清潔劑
↓
洗臉
↓
蒸臉
↓
美容點美容
（臉部按摩）
↓
洗臉
（使用乳液或油按摩時）
↓
冷敷
↓
化粧水
↓
美容液敷面

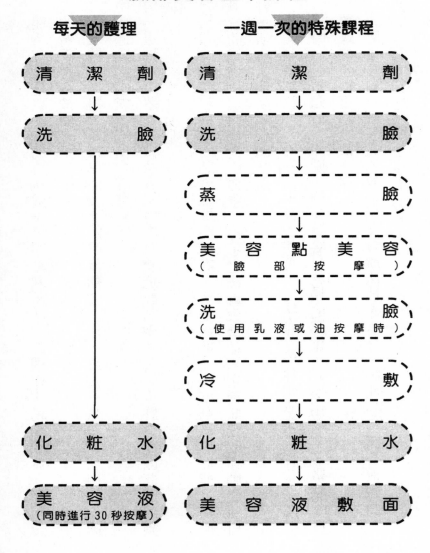

美容液的保濕成分能夠緊緊地抓住角質的水分。

利用化妝綿沾上美容液，擱在乾燥的部位二至三分鐘。

也許你認為需要很多的美容液，但只要在一片化妝綿上沾上美容液，貼在臉上就可以了。此外，在沾有化妝水的化妝綿上滴二至三滴美容液，使用起來也有效。

利用美容液敷臉的時機，選擇覺得乾燥感非常明顯時，在平常護理時就可以使用。每週使用幾次都可以。

●早上的護理　「因為是乾燥肌，所以早上不使用洗面皂」、「用化妝水擦拭，就能去除污垢、不會乾燥了」——有些人很得意地這麼說，但是五年後你一定會後悔。

即使夜晚妥善護理，但是熟睡時皮脂會氧化，使得污垢積存。

這些污垢光用水是沖洗不掉的。乾燥肌的人，首先必須去除污垢，然後再補充不足的部分。早晨的護理具有使肌膚美麗、使皮膚清醒的效果。

利用洗面皂仔細洗臉後，再利用化妝水和美容液補充水分。

2 臉部美容

三秒刺激對於臉部的鬆弛、暗沈有效

「最近，眼尾和臉頰周圍鬆弛。」

「以前尖尖的下巴令我感到驕傲，但是現在卻有很多贅肉。」

通常一般人在三十歲之後就會察覺到臉部的「異常」。

二十多歲時放任不管，由於年輕之賜，仍然能夠保持自然肌膚的美麗。但是不能因此而掉以輕心，因為不久後就會產生差距了。

到了三十五歲左右，肌膚的皮脂分泌量減少、水分量減少，變得乾燥。同時，維持彈力和張力的彈力纖維及膠原纖維也變細，肌膚的滋潤、張力、透明感逐漸降低。

當然，老化具有個人差距是不可否認的事實。同樣是三十歲，有的人「看起來比實際年齡更老」，有的人則是「咦，你已經三十歲了嗎？看起來好年輕」，能夠清楚地區分二者的差距。這種差距是從何而來的呢？

事實上，現代醫學仍然不了解老化是由何而產生的。但是，目前可以知道的是由於細胞本身的功能衰退而引起的。

在此有一個有趣的實驗。

人類的壽命據說以一百歲為界限。將細胞分散放入試管中培養時，發現還是會分裂增殖，但與壽命相同，分裂到一百歲的程度時就會死亡。亦即，人類的壽命就是細胞的壽命。

所以，為了預防老化，必須使細胞生氣蓬勃、保持年輕。

促進血液循環，使細胞的生氣蓬勃，就必須調整體內的環境。所以食物和睡眠、精神的穩定等都是重要要素。

但是，還有更直接作用於肌膚的方法。就是本書所介紹的利用美容點的按摩。

美容點法是基於東方醫學及神經分佈的方式，而創造出使肌膚活性化的方法。頭痛時、腳疲勞時，刺激美容點就會覺得很舒服。這時不只是舒服而已，這個部位的血液循環順暢，水分和細胞的新陳代謝旺盛。同樣地細胞就能充滿朝氣，而且肌膚能夠復甦。

馬野式還考慮肌肉的走向、容易護理的方法等，將身體分為九區加以探討。首先，先學會臉部區的美容點法吧！

臉給人整體的印象，因此就算只有一處衰老，看起來也非常明顯。例如，眼下的鬆弛。一旦構成眼袋的皮膚鬆弛時，就會感覺「沒有辦法再隱藏自己的年齡了」。

相反地，如果這個部位能保持年輕，則整體的印象的確能年輕十歲。所以，預防整體的肌膚老化是很重要的。但是「不要製造出讓人一眼看出老化的部分」才是保持青春的秘訣。而美容點刺激將重點置於在意老化的部分，使肌膚活性化。

●美容點法的準備　開始進行美容點刺激，首先將雙手浸泡於溫水中溫熱。這是提升美容效果的重點。

醫學美容沙龍所使用的按摩霜是不含油分的，而且是能夠使手指順暢滑動的按摩，但是市面上並沒有販賣這種產品，因此在家庭中刺激美容點時，盡可能選擇油分較少的乳液型。將其點在額頭、鼻頭、兩頰及下巴上，開始按摩。

●手指的移動方式　過度按摩會損傷肌膚，過度的強烈刺激會造成很大的問題。你使用什麼方法按摩呢？

「當然是使用手指呀！」

但使用的方式卻是一大問題。如果使用食指，請你立刻中止這種方法。

食指是皮膚感覺中最敏感的部位。身為醫師的我在進行靜脈注射時，會確認在食指的皮下細小血管的位置。在皮膚上進行直接接觸診斷時，感覺最敏銳的是食指。因此，為了知道肌膚的滋潤或乾燥程度非常方便。但是按摩時如果使用食指，會過度用力。

按摩時必須使用能夠酌量增減力量的中指和無名指的指腹。好像滑動手指般畫小圓移動，不要摩擦，必須放鬆力量滑動，才是移動手指的重點。

將皮膚過度往上拉扯到眼睛呈三角形，或是使臉頰上下移動的按摩法，表示手指過度用力。

從想瘦的部分開始吧！

——9區3分鐘
美容點、美容法

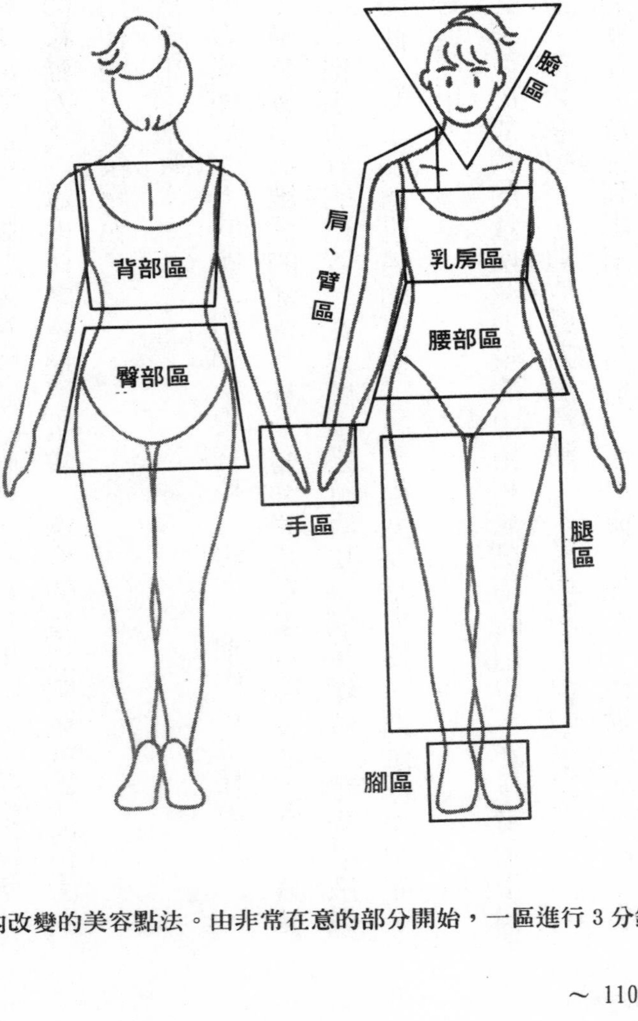

●從體內改變的美容點法。由非常在意的部分開始，一區進行3分鐘！

溫柔接觸肌膚的護理必須利用手指進行

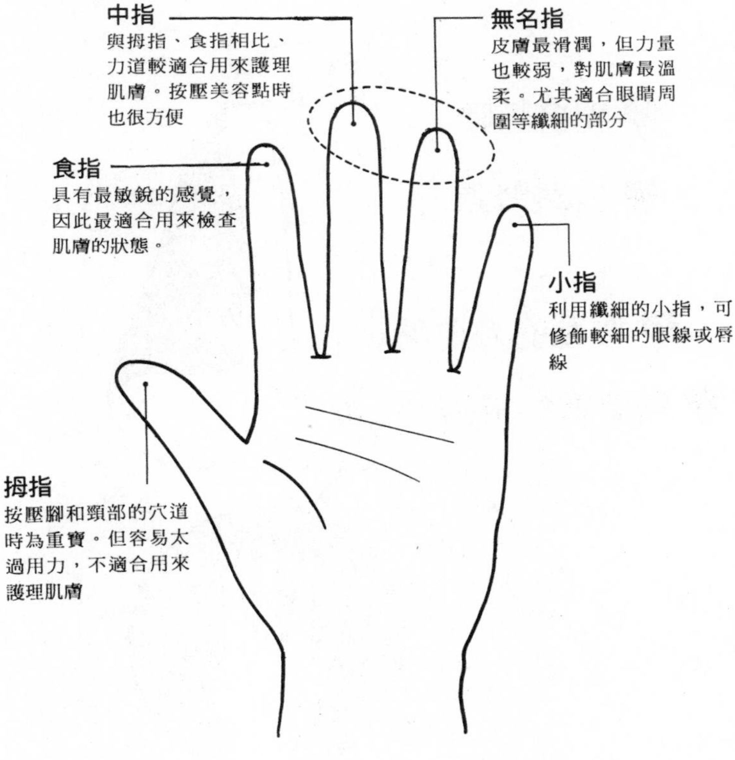
中指
與拇指、食指相比、
力道較適合用來護理
肌膚。按壓美容點時
也很方便
無名指
皮膚最滑潤，但力量
也較弱，對肌膚最溫
柔。尤其適合眼睛周
圍等纖細的部分
食指
具有最敏銳的感覺，
因此最適合用來檢查
肌膚的狀態。
小指
利用纖細的小指，可
修飾較細的眼線或唇
線
拇指
按壓腳和頸部的穴道
時為重寶。但容易太
過用力，不適合用來
護理肌膚

●**對肌膚不能用太大的力量！在這一方面，中指和無名指最適合。進行洗臉、按摩等肌膚護理時，這二根手指非常活躍。按摩美容點時請使用中指。**

●四大重點

♥ 配合呼吸

♥ 放鬆緊張

♥ 按壓的力量穩定

♥ 體重置於指尖

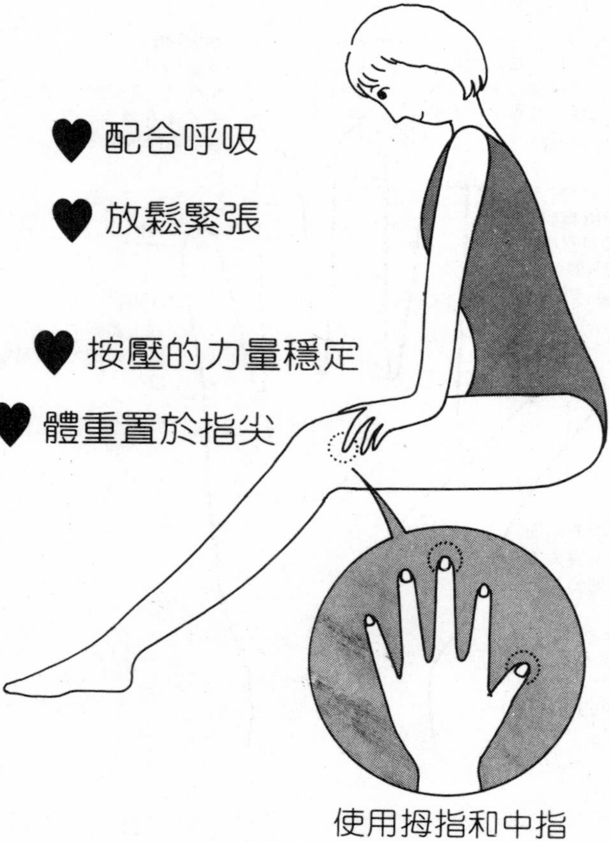

使用拇指和中指

●斟酌力量按壓美容點
效果會產生很大的差異

●使用手指的秘訣

♥ 這個部分用力

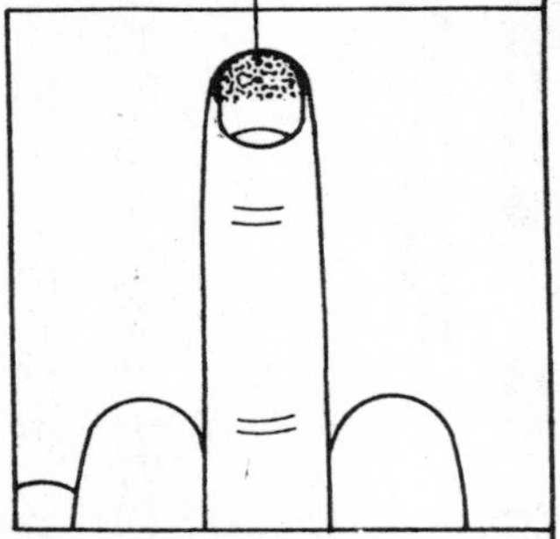

體重置於指尖按壓。
能使力量穩定

♥ 箭頭方向與美容點呈垂直按壓

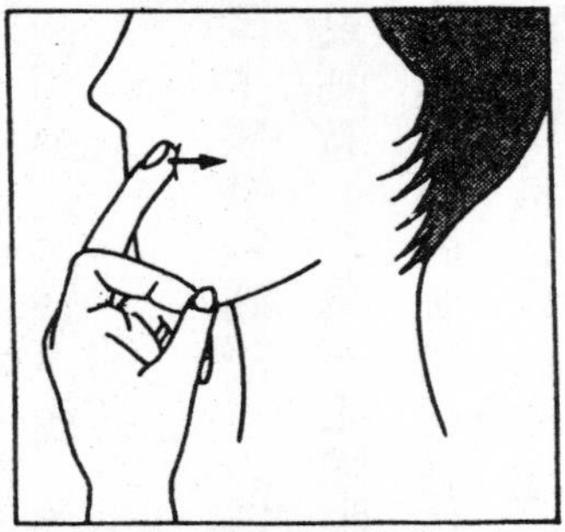

基本上朝向身體的中心按壓美容點

●確實找出美容點的秘訣

♣ 找出陷凹處	●肌肉與肌肉間、骨與骨之間、肌腱與肌腱之間都是美容點
♣ 左右一起找尋	●點幾乎都是左右對稱的。找尋時按壓左右同樣的部位，觀察反應
♣ 觀察皮膚的反應	●是否痠痛或刺痛、皮膚緊繃……有美容點的部位與其他部位的感覺不同

●美容點的按壓必須數１、２、３一邊吐氣一邊按壓，數４時鬆手吸氣。這個時機非常重要。按壓時要保持一定的力道，使按壓部分的肌肉放鬆，才是使效果滲透的秘訣。

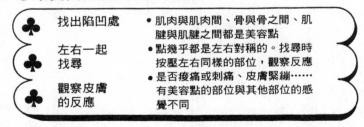

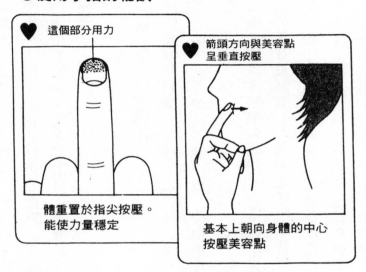

●美容點的按壓法　一邊按摩、一邊將手指停留在美容點上，憑感覺按壓。使用的手指是中指。中指的指腹按壓點，慢慢數「1.2.3.」。4時放鬆力量，進入下一個按摩階段。按壓的力量以感覺舒服的程度為主。**三秒鐘按壓三次，以此為一套。**

使臉部肌肉緊縮的八項過程

①額頭的美容點刺激——額頭是容易形成表情紋的部分。按摩法是由下往上滑動手指。由內側到外側按摩之後，手指由髮際滑到太陽穴，用力按壓太陽穴的美容點。

此處按壓後會產生些微鈍痛感，以這種感覺找出美容點。

②眼睛的美容點刺激——具有去除眼睛疲勞，使皮膚更新的效果。

眼瞼是皮膚中最薄，對於刺激最敏感的部位。此外，眼睛周圍的皮膚一旦拉長後很難恢復原狀。也是容易形成皺紋和鬆弛的部分。所以，絕對不能用力按摩。按摩使用無名指，刺激美容點時使用中指。皮膚無法抵擋摩擦力，但是卻能承受拍打或按壓的刺激。

若感到擔心，按摩時也使用食指和中指輕輕地拍打即可。

按摩法首先按壓眼頭上方，然後再開始按摩。其次滑動無名指，按壓眼尾側面的美容點，再滑動手指按壓眼頭的美容點。眼睛疲勞時，利用這個按摩法可使眼睛清晰。

③鼻肌的美容點刺激——鼻子尤其在眼睛之間的部分容易形成橫紋。

好像抹平鼻肌似地由下往上按摩。鼻翼處上下移動手指，最後用兩邊的手指好像夾住鼻翼兩側的美容點似地，加以壓迫。

④臉頰的美容點刺激——能夠去除鬆弛，恢復臉頰的張力。

手指由下往上好像畫圖似地移動。最初由下巴朝耳下的輪廓部分進行按摩，其次從口角到耳的中央、從鼻翼的側面到太陽穴進行按摩。最後依序壓迫位於頰骨下方，距離眼睛中央下方三公分處，鼻翼兩側一公分處、下巴角上的美容點。

臉兩側的美容點必須用兩邊的手指一起按壓。

順序

鼻

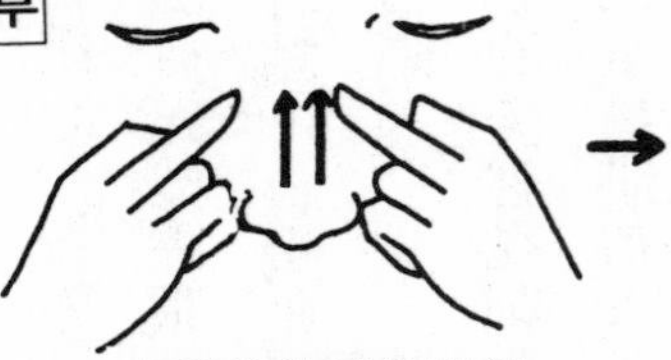

▲好像伸展鼻肌似地由下往上按摩，但是不可以過度用力。

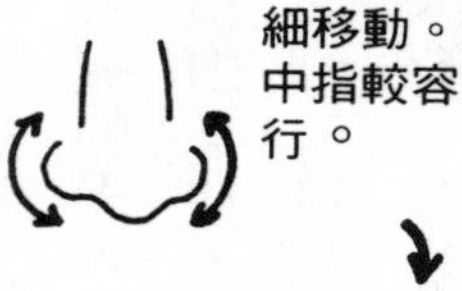

◀鼻翼上下仔細移動。豎直中指較容易進行。

▲鼻翼膨脹處的側面有美容點，加以壓迫，每三秒鐘持續三次。

頰

▲首先由下巴到耳朵，其次從口角到耳的中央、從鼻翼到太陽穴。臉頰的按摩基本上要從中央朝外側畫螺旋。

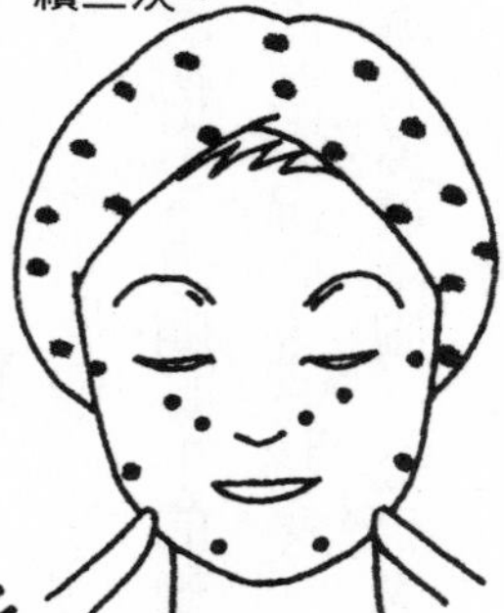

◀▲頰骨的下方→距離眼中央約三公分下方→鼻翼的兩側約一公分→下巴角→口角下方一至二公分的美容點，依序按壓，就能使臉頰產生張力。

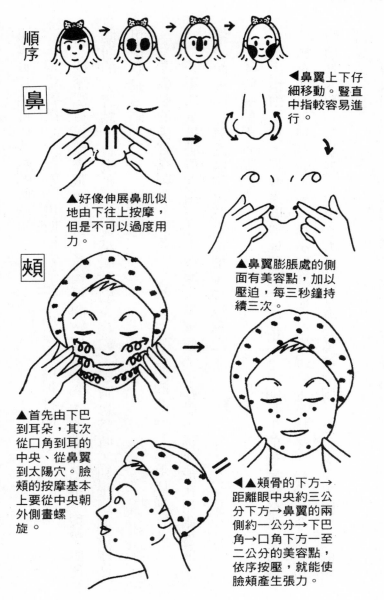

臉區 ①
——刺激美容點緊縮臉部

額

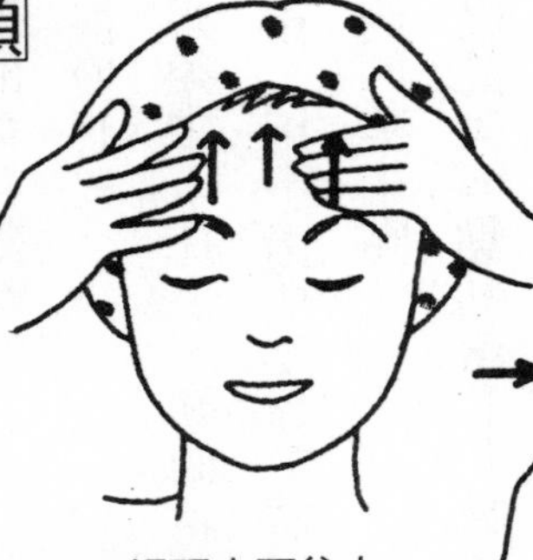

▲額頭由下往上伸展似地按摩。

▼在太陽穴的美容點必須用力按壓。三秒鐘三次為一套，這是基本的方法。

眼

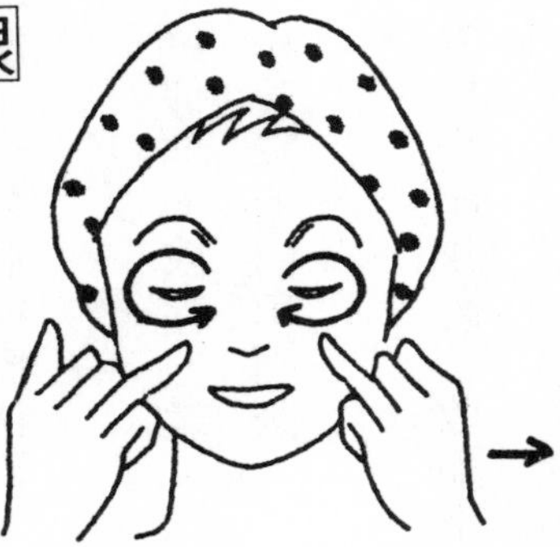

▲眼睛周圍用無名指按摩。手指從眼頭骨上方繞一圈。

▼眼頭上方、眼尾的側面、眼頭三處美容點為一套，都要按壓。能夠去除眼睛的疲勞，使皮膚恢復生氣。

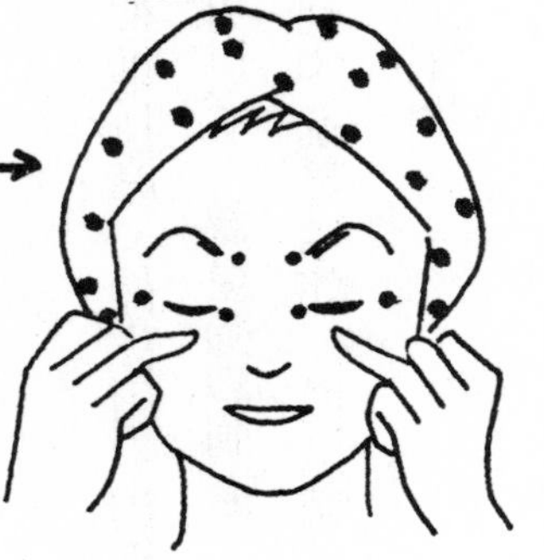

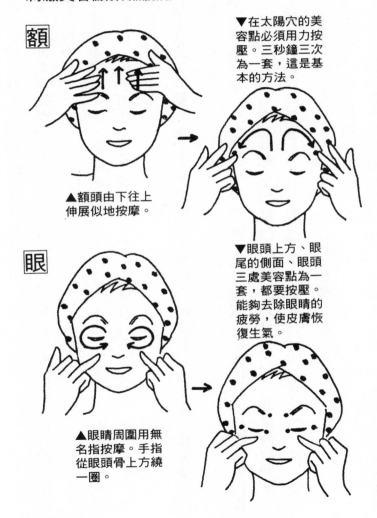

按壓時就會發現臉部的肌肉非常僵硬。

⑤口部的美容點刺激——口部容易乾燥，容易形成表情紋。下垂的口角也令人感到很擔心。

按摩必須由下往上，好像將嘴角往上拉似地。放鬆力量，以中指為主進行按摩。然後，用中指按壓鼻下溝的中央。接著壓迫口角兩側、下唇下方陷凹處、下巴外側的美容點。

⑥下巴的美容點刺激——臉的輪廓容易表現出年齡。收縮下巴線就能預防雙下巴。

下巴由右到左、由左到右，用整個手掌好像撫摸似地按摩。最後用中指輕輕壓迫耳下。此處有下顎神經，因此只要輕輕壓迫就可以了，避免強烈刺激。

⑦頸部的美容點刺激——平常的護理不容易注意到的就是頸部。但是頸部的皺紋和脂肪卻會使年輕感完全瓦解，使人感覺年齡的存在。

每週必須仔細護理頸部一次。

頸部的按摩必須使用整個手指，由下往上撫摸。除了正面外，頸部的兩側及後側也要進行。

美容點則是要刺激頸部後方髮際的三個美容點。這些點不只使頸部，也能使頭部和肩膀的血液循環順暢，同時也要按壓頸部粗大肌肉（胸鎖乳突肌）側面的美容點。這裡有脈搏跳動的場所，因此必須輕輕按壓。

⑧緊縮整個臉部——到目前為止的按摩，應該會令你覺得神清氣爽了。平常接觸臉部時，絕對不能壓迫。但是以上述的方式按壓美容點時，你就會發現自己的肌膚非常疲累。

藉此能夠去除眼睛和頭部的疲勞，覺得臉部非常地輕鬆。

這就是美容點刺激的效果。能夠去除瘀血和肌肉的痠痛，使細胞更新。

按摩的最後就是輕彈。使用雙手的指腹刺激整個臉。按照彈鋼琴的要領，用手指輕彈整個臉部，但是不能像真的彈琴似地太過用力。

同時，利用雙手的中指壓迫頭頂的美容點。

頭部有許多個美容點，因此最後好像按壓整個頭部似地，進行美容點的刺激則更有效。

順序

◀三個美容點如圖所示，一邊支撐額頭，一邊用拇指按壓。各按一套。

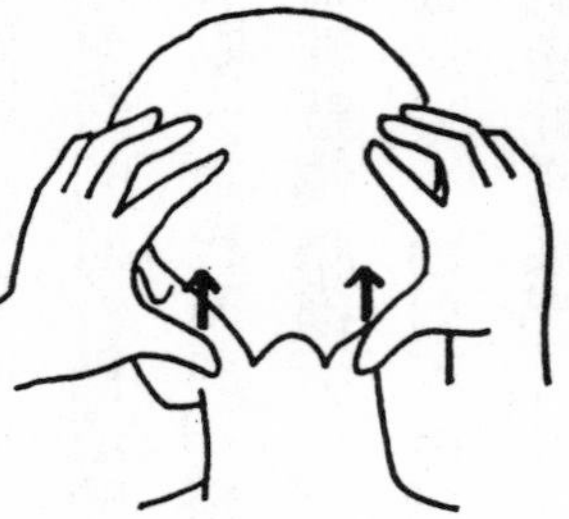

▼頭部粗大肌肉的側面（血管有脈搏跳動處）如圖所示用中指輕輕按壓，不要過度用力。

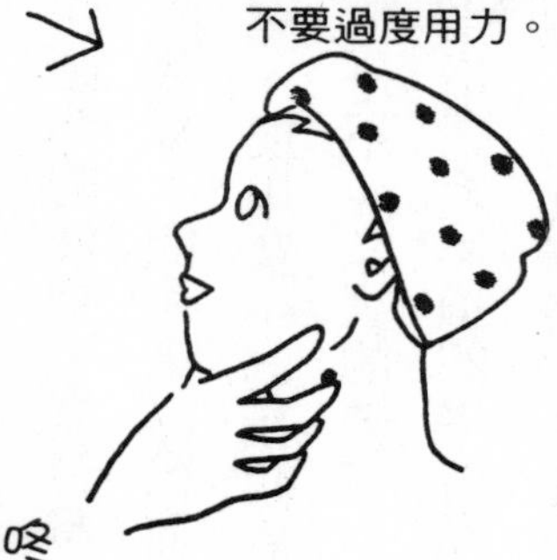

全體

▲好像彈鋼琴似地，利用食指、中指、無名指的指腹輕彈臉部三十秒。使臉部具有光澤。

▲頭頂（兩耳連結線與臉中心線交叉處）用雙手中指豎立按壓。三秒三次。

▶頭部聚集了許多美容點。如圖所示頭向後傾，用手指往前推似地按壓。

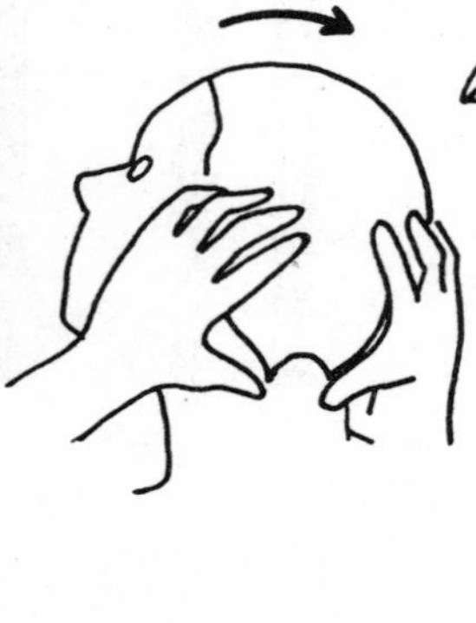

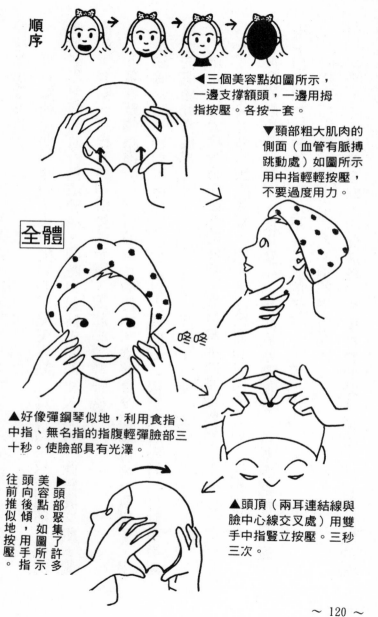

臉區 ②

口

◀口唇周圍從下巴正中央，好像將口角上抬般按摩。

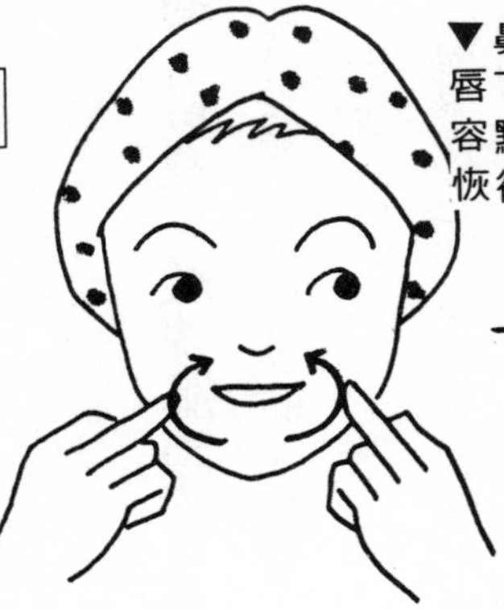

▼鼻下溝的中央、口角兩側、下唇下方的陷凹處及下巴中央的美容點為一套，都要按壓，使口唇恢復生氣。

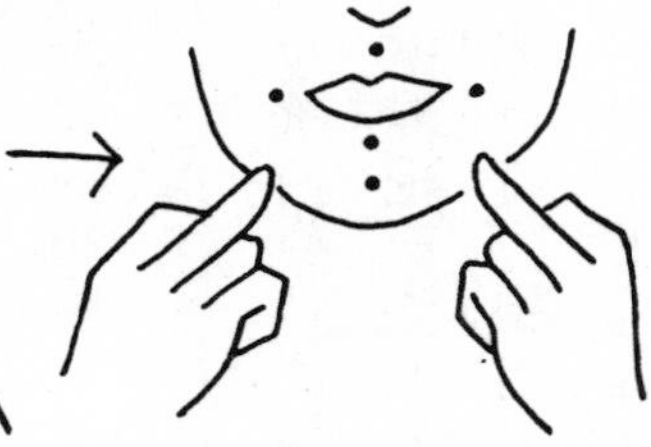

下巴

▲按照箭頭指示的方向，用左右的整個手掌交互往上撫摸。

▼耳下的美容點用中指按壓。但是只能輕輕按壓，絕對不能用力，為一套動作。

頸部

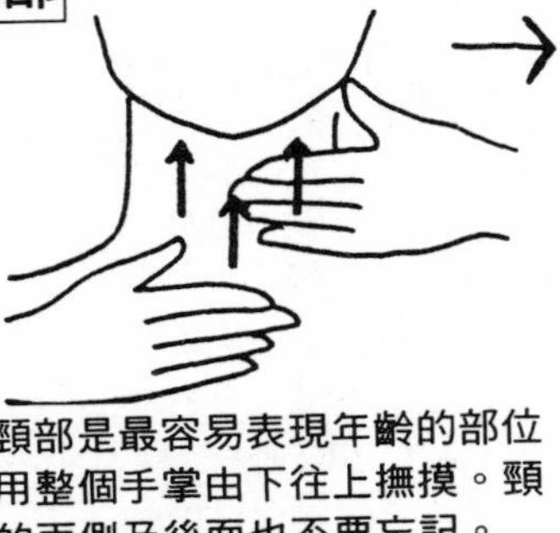

▲頸部是最容易表現年齡的部位。用整個手掌由下往上撫摸。頸部的兩側及後面也不要忘記。

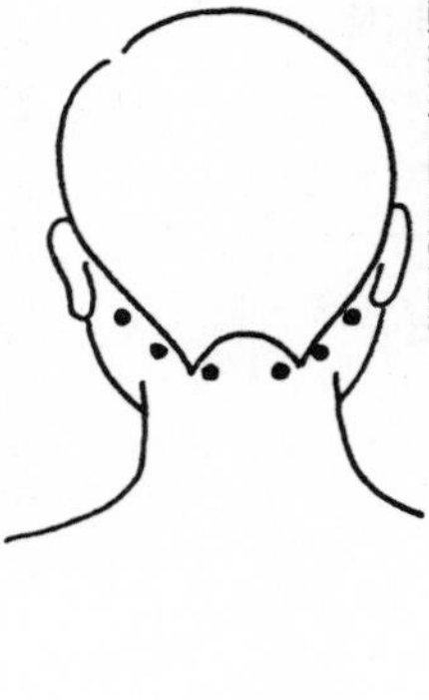

◀耳後方突出骨的正後方，距離二根手指寬後方的陷凹處，髮際的二條肌肉外側的陷凹處——是保持年輕頸部的美容點。

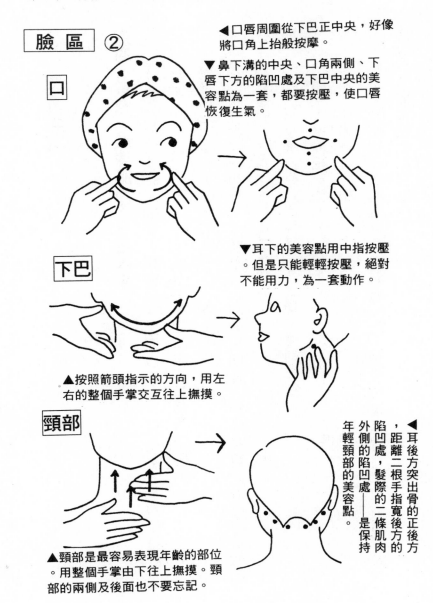

3 瘦身美容

穴道、按摩、鍛鍊肌肉的三重效果

談及美麗的體型時，很多人都會說「想要減肥」，但是不光是瘦了就好，該凸的部位凸，該凹的部位凹，擁有美麗的曲線才是最重要的。

體重也是同樣的，脂肪的附著方式各有不同。

尤其女性從頸部到肩、手臂附近、腰的周圍及大腿等是贅肉容易附著的部分。感覺發胖時通常都會在意這些部分。

「乳房還是維持原狀比較好，希望腰圍變細一點。」

「希望手臂變細一些。」

很多女性都有這些願望。

本書所介紹的身體美容就是強調這一點。美容技術是融合了東方醫學及伸展等方法而創造的美容點法。

東方醫學的穴道，一般人認為能夠抑制食慾，不過基本上，能夠促進血液循環，使新陳代謝旺盛。新陳代謝旺盛時則脂肪分解旺盛。多餘的水分排泄掉，體調當然就會變好了。

也就是，利用按摩使肌膚美麗，利用穴道使新陳代謝旺盛，將體調調整為最佳狀況，再加上伸展或肌肉鍛鍊（使肌肉持續幾秒鐘的緊張訓練法），使肌肉緊縮。利用這三個方法，依各個不同的部分緊縮身體，也就是接下來介紹的馬野式法。

一區只要三分鐘！

直接接觸自然的肌膚按摩當然是最有效的，衣服可以選擇T恤或背心。室溫以二十五度左右最為理想。如果覺得有些冷時，可以調高室溫。寒冷時身體緊張，會使按摩的效果減半。所以創造一個能夠放鬆的環境最重要。

當然，在冬季寒冷時或沒有辦法換衣服時，可以穿著服裝進行。

為了要取得足夠的按摩時間，晚上泡澡後過了三十分鐘再進行最有效。泡澡後肌肉溫熱、血液循環順暢，能夠提升按摩效果。

如果使用按摩霜，不要使用乳霜型，選擇容易滑動的油型。

「油型會不會有太多油呢？」

也許你會這麼想。但是身體比臉更乾燥。給與油分也不要緊。可是按摩結束後一定要淋浴沖洗掉油分，或用熱毛巾擦掉。這麼做還覺得有粘滑感的人，就必須用肥皂洗去油分。

按摩是用手接觸肌膚，因此如果手部冰冷，當然不具有促進血液循環的效果。如果剛泡過澡當然沒有問題，如果沒有泡澡，則**按摩之前必須將手浸泡在四十度的水中一至二分鐘，溫熱之後再開始按摩**。

按摩之初先在手上塗抹按摩油，雙手揉搓二至三次，手揉軟後開始按摩。

①按摩由距離心臟較遠的部分朝心臟進行。

②美容點的按壓法是數「一、二、三」吐氣按壓，放鬆時吸氣。

③每一區以一次三分鐘就能結束的速度進行。

④按摩之初力量較弱，漸漸增強力量，最後再用較弱的力量做最後的修飾。

遵守這些基本原則，任何人都可以提升效果。

手部療法六大基本型

開始進行實際按摩之前，必須先熟悉基本的按摩技巧。

＊碗打法——手掌拱成像碗一樣的圓形而進行的按摩法。做成圓形的手發出砰砰的拍打聲，用力拍打，感覺好像包住手中的空氣一般。具有鎮靜效果，對於背部等較寬廣的部分有效。不過對於手臂或大腿後側等部位也是按摩時經常使用的技巧。

＊扇子打法——五根手指張開，用小指側的側面很有節奏地敲打身體。敲打的力量稍強些。秘訣是手落在身體上時好像合攏扇子的姿勢。

＊摩擦法——輕輕撫摸、摩擦皮膚的方法。能放鬆肌肉的緊張，具有放鬆效果，感覺好像做準備體操或整理體操似地，在按摩的最初和最後經常使用。

＊揉捏法——用手掌大大地抓起肌肉，拉到前方，繼右手之後左手接著進行揉捏。如果捏較小的肌肉會覺得疼痛，因此要用整個手掌抓肌肉。尤其是肥

胖的部位，例如膝的兩側和腹部、背部、手臂的內側等想使其消瘦的部位，可以使用這種方法。

＊聚攏法——使用拇指以外的四根手指。用四根手指交互將肉聚攏起來進行按摩，對於腹部、背部、胸部等贅肉較多的區域有效。

＊拳打法——輕輕握拳，以較快的節奏咚咚地輕輕敲打。對於肌肉或脂肪較厚的部分有效。

以上的方法，在各部分別的按摩法中會反覆登場，因此一定要學會秘訣。

創造苗條身材的六種手部技巧

手部彎成碗狀，好像避免手中的空氣逃散似地拍打。具有沈靜效果，在最後修飾時可以使用。

整個手掌捏肉，左手和右手交互揉捏。膝側面、腹部、手臂內側等脂肪較多的部分用這法有效。

張開手指，用手的側面敲打。秘訣是好像合攏扇子似地放下手指。適合用來放鬆痠痛的肌肉。

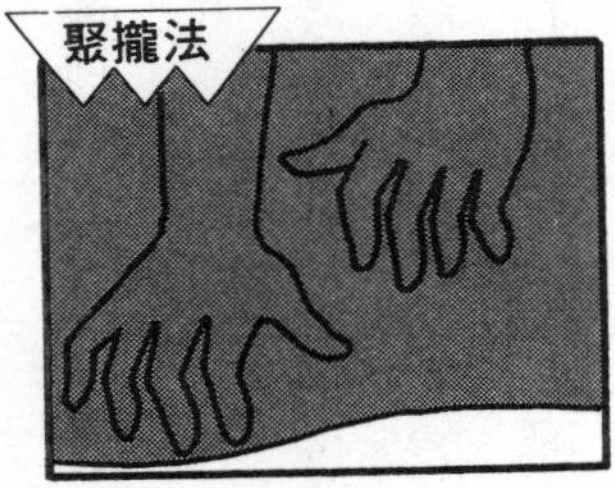

用拇指以外的四根手指將肉聚攏。具有將腹部或背部的贅肉朝胸部聚攏的效果。

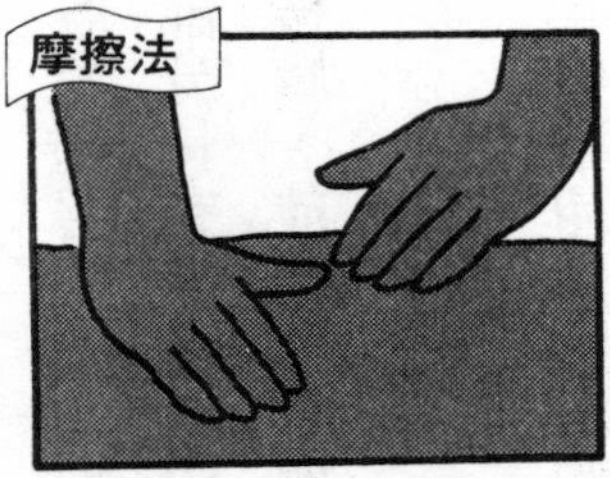

用手掌輕輕撫摸、摩擦的方法。能夠去除肌肉的緊張，具有很好的放鬆效果。按摩開始和結束時可以使用。

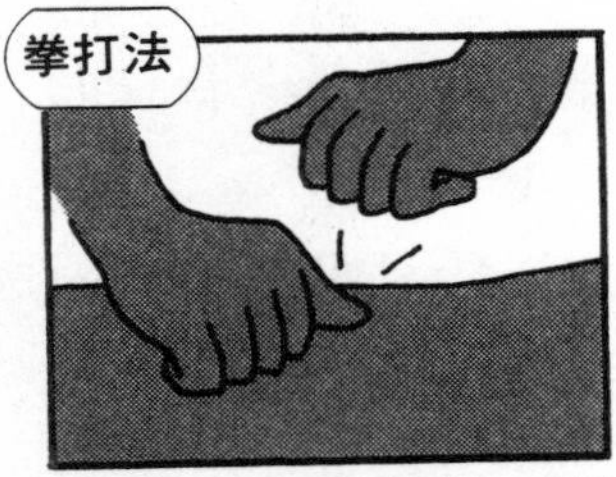

手輕輕握拳，快速輕敲。對於脂肪較多的部分有效。但是有骨的部分不可以使用。

手臂、肩部區

「怎麼會這樣呢？」很多女性的雙臂容易附著贅肉。到了二十五歲之後脂肪開始慢慢地積存。但是這個部分具有很高的按摩效果。秘訣在於對肌肉施力，然後放鬆力量、按壓、放開，掌握緩急的呼吸。

①、為了緊縮肌肉，必須鍛鍊肌肉。這是不活動手臂卻使用肌肉的運動。俯臥，手臂交疊於頭的後方，將頭往下壓。這時頸部必須放鬆力量、放輕鬆。不要忘了必須撐住兩手肘。

②、手臂的按摩。從手腕到肩膀用相反手做往上揉捏的動作。這是運用揉捏法，來到手肘時就可以停止。

③、手肘點用拇指按壓。指尖都會覺得疼痛，這就是健康點。此外手臂也有很多點，光是這些按摩就具有一石二鳥的效果。

④、繼②之後從手肘到肩膀進行揉捏按摩。

⑤、到肩膀之後，進行肩的美容點刺激。按壓肩膀的中央會有鈍痛感，利

用相反手的中指按壓。疲勞時按壓此處非常有效。

⑥、如圖所示，手臂在身後抓住毛巾，朝上下拉。即使身體僵硬的人也可以做這個動作。慢慢地拉到稍微感覺疼痛為止。

乳房區

乳房的內容幾乎全都是脂肪。加以支撐的則是胸部的肌肉。因此不論是大乳房或小乳房，下述的①至⑤都是鍛鍊肌肉不可或缺的項目。而③、④的按摩則具有整型效果。

①、手交疊於腰後方，曼慢往上抬。為避免反彈，秘訣就是慢慢地往上抬。手肘不可以彎曲。抬到不能往上抬時停止十五秒鐘。

②、其次進行放鬆肌肉緊張、促進血液循環的按摩。雙手的中指放在乳房之間，輕輕壓迫，一點一點地往上移動。到達鎖骨下方時，朝向兩肩的方向給與同樣的壓迫。

最後，按壓位於鎖骨下方手臂根部的美容點。產生鈍痛感即表示有效。

③、其次進行豐胸按摩。雙手放在單側的乳房下，輕輕朝左右搖晃似地移

④

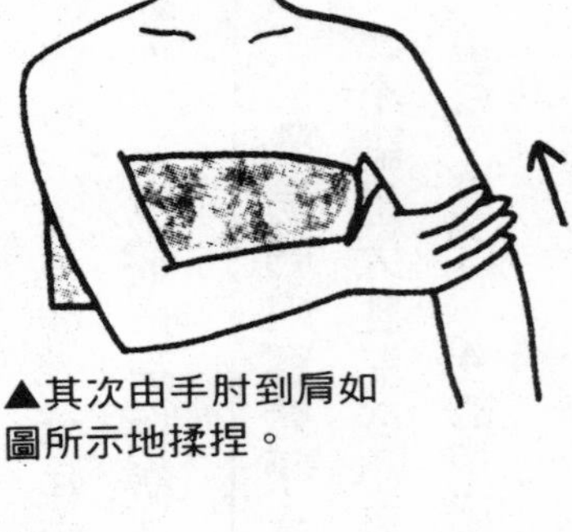

▲其次由手肘到肩如圖所示地揉捏。

⑥

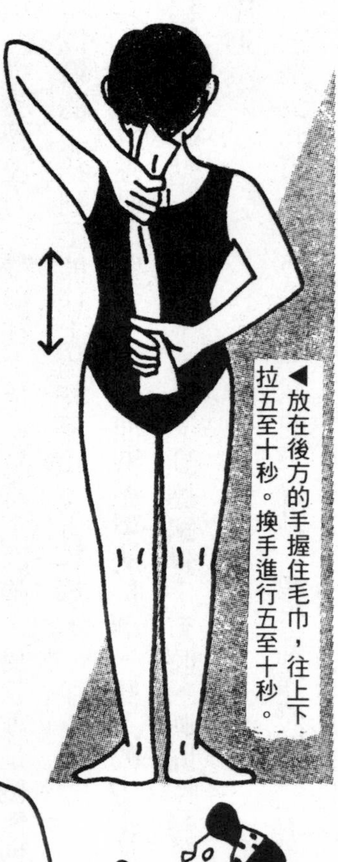

◀放在後方的手握住毛巾，往上下拉五至十秒。換手進行五至十秒。

⑤

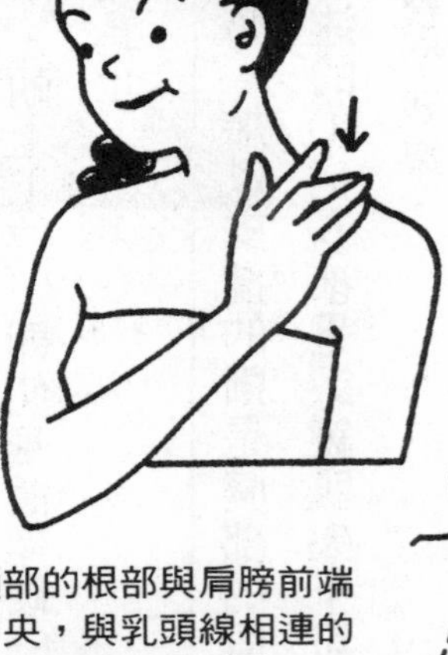

▲頸部的根部與肩膀前端的中央，與乳頭線相連的美容點是按壓的重點。

手臂、肩區

——創造讓人感覺年輕的纖細手臂

從頸部到肩膀進行按摩，能夠促進全身的血液循環。

開　始

▲好像用手壓頭似地伸直後脖頸，秘訣是必須放鬆頸部的力量。進行五至十秒。

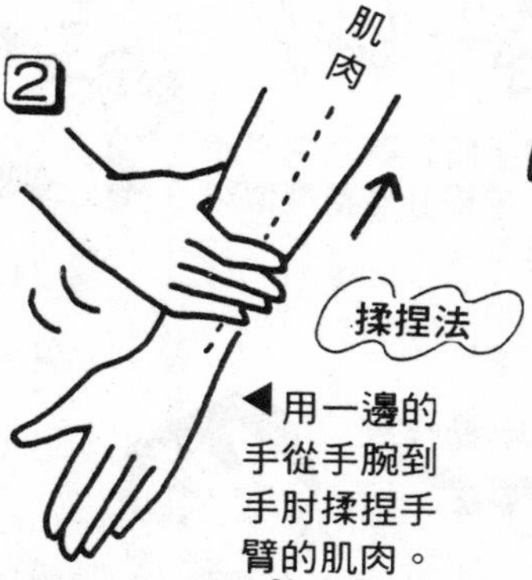

◀用一邊的手從手腕到手肘揉捏手臂的肌肉。

3 ▼彎曲手肘時所形成的皺紋的前端，以及其下方四公分處，在拇指側肌肉上的美容點要以好像抓住手臂似的方式按壓。每三秒鐘進行三次。

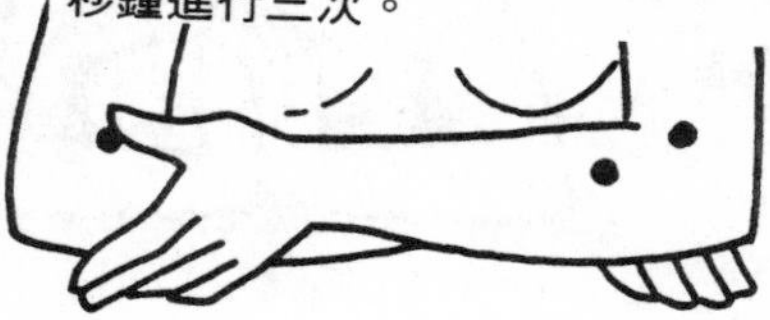

③

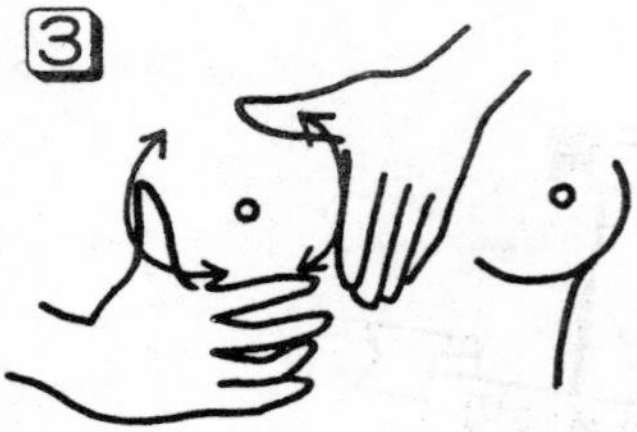

◀如圖所示，用雙手捧起乳房朝左右搖晃。左右各持續十五秒

④

▲其次，用雙手將乳房朝向箭頭的方向搖動，感覺好像整型似地。左右各進行五次

▶雙手於胸前貼合，由左右用力壓，然後放鬆力量。反覆進行三至五次，這是最適合的豐胸動作。

乳房區　——創造具有彈性的乳房

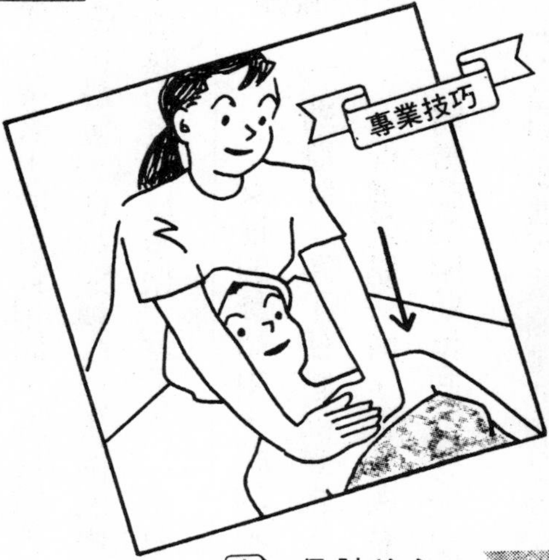

雖然擔心乳房，但是很少進行按摩。創造一個美麗的乳房曲線吧！

①　開　始

▶雙手交疊於身體後方，往上拉。秘訣是伸直手肘。手掌朝自己的方向。保持這個狀態十五秒鐘。

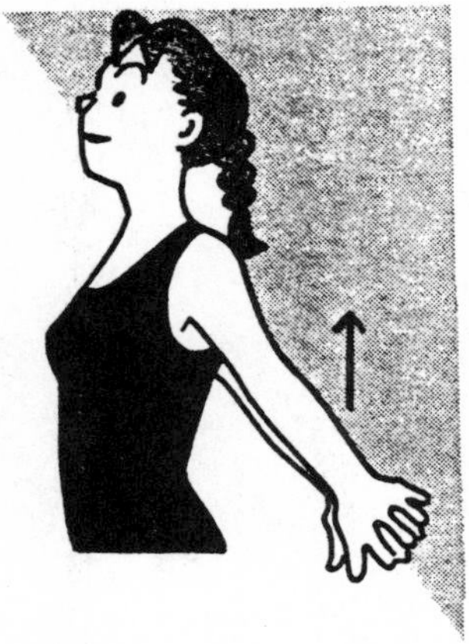

②

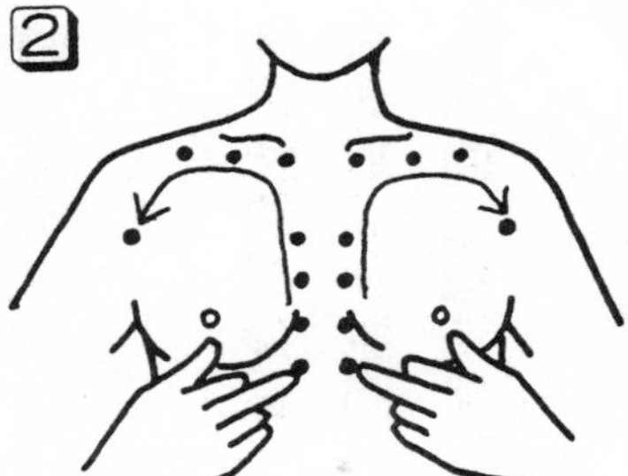

◀兩中指如圖所示，抵住適當的位置，依照箭頭的方向慢慢往上挪移按壓。完成的美容點則在接近鎖骨下方手臂根部的位置。

動。

④、接著手的位置相同，進行將乳房往上抬的振動。

⑤、最後，進行鍛鍊胸部肌肉的體操。雙手從胸前貼合，從左右用力壓，然後放鬆力量。反覆做三至五次。這是最適合的豐胸運動。

腰區

女性的身體中，腰的附近容易附著脂肪，因此覺得腰的部分逐漸發胖。為了使腰部變細，必須實行這個按摩。①和⑥能活動肌肉，促進脂肪分解，②的美容點能使新陳代謝旺盛。而③的聚攏法能將腰部的脂肪推向乳房的方向。

①、最初要進行緊縮腰部的體操。俯臥，雙手貼於地面，慢慢將上半身往後仰。靜止十五秒，給與肌肉適度的刺激。

但是腰部受傷的人不可以做這個運動。

②、接下來仰躺，按壓能夠提高腹部脂肪分解力的美容點。首先，沿著肋骨下緣，由心窩到側腹以中指一邊按壓一邊移動。

其次，依序按壓如插圖所示的美容點。秘訣是放鬆腹部的力量，慢慢地壓。

③、進行緊縮側腹的按摩。四根手指交互移動，用聚攏法聚集側腹的贅肉。

④、接著進行提高腸功能、消除便秘的按摩。從肚臍附近開始依順時針的方向按摩，可以使用摩擦法。

⑤、用腕打法輕輕拍打整個腹部使其沈靜，如果發出很好聽的聲音，就表示做得很好。

⑥、最後，進行去除贅肉、緊縮腰部的體操。

身體較硬的人也許會覺得很痛苦，但是必須扭轉身體到不會感覺勉強的程度為止。

以盤腿坐的姿勢，慢慢地扭轉身體，右手臂從背部繞過來，捏住左大腿，左手臂抵住右膝，雖然辛苦，卻是緊縮腰部的有效體操。

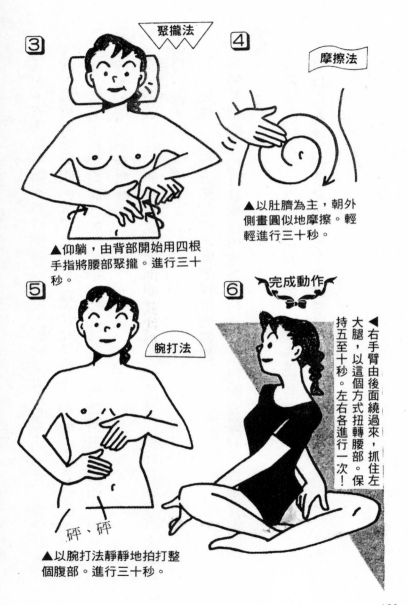

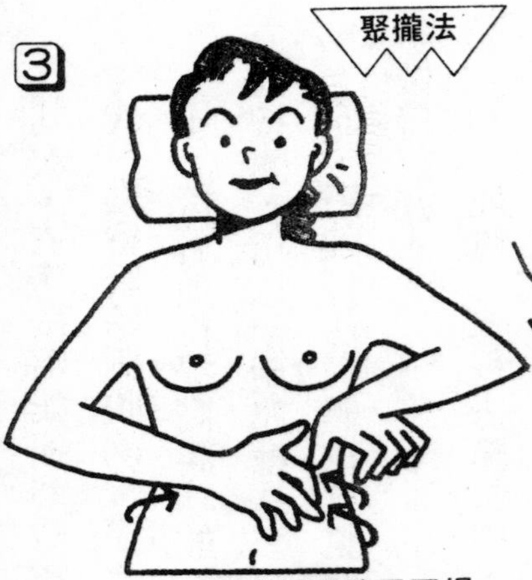

▲仰躺，由背部開始用四根手指將腰部聚攏。進行三十秒。

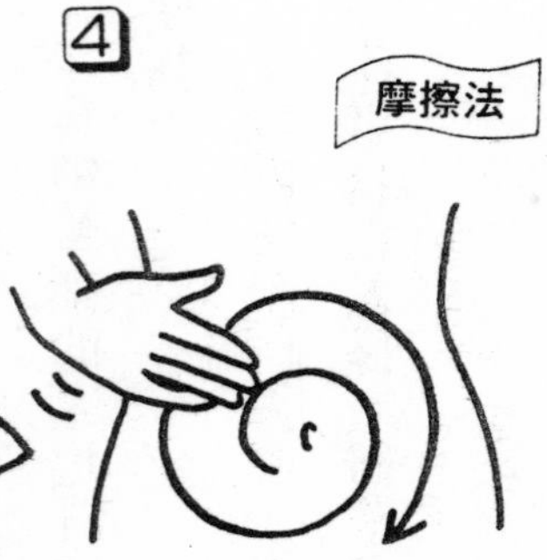

▲以肚臍為主，朝外側畫圓似地摩擦。輕輕進行三十秒。

▲以腕打法靜靜地拍打整個腹部。進行三十秒。

◀右手臂由後面繞過來，抓住左大腿，以這個方式扭轉腰部。保持五至十秒。左右各進行一次！

腰部區 ——去除贅肉

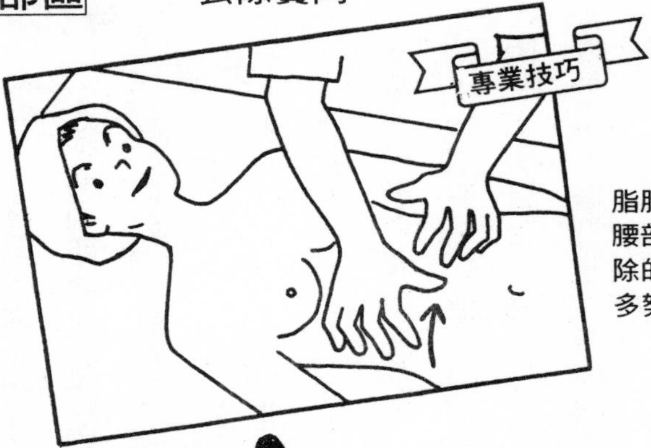

脂肪容易積存的腰部也有容易去除的部分，必須多努力。

開　始

①

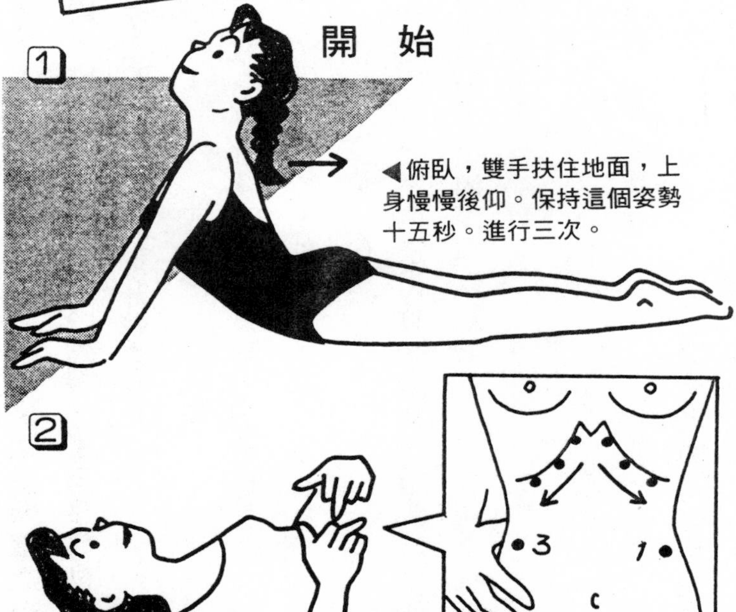

◀俯臥，雙手扶住地面，上身慢慢後仰。保持這個姿勢十五秒。進行三次。

②

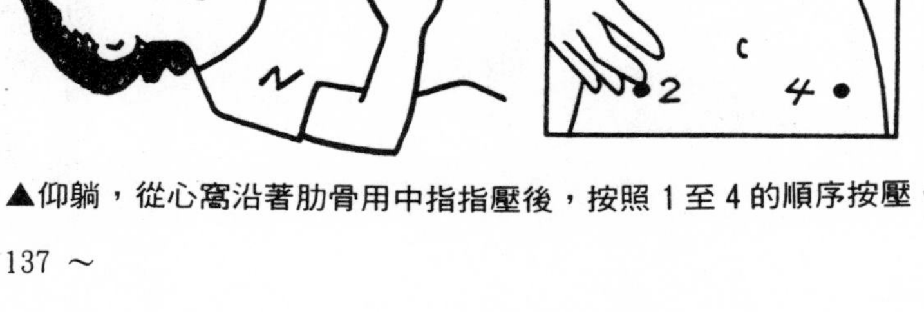

▲仰躺，從心窩沿著肋骨用中指指壓後，按照1至4的順序按壓。

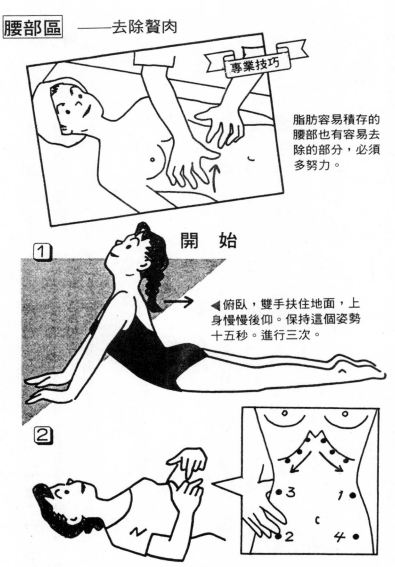

背部區

背部有脂肪附著時，穿上胸罩會使得贅肉突出於胸罩之外，背部的脂肪原本就較薄，稍微有一點脂肪附著時，看起來好像胖了二倍、三倍。在此使用④的修飾動作能提升效異。

①、在家庭中利用柱角進行按摩。背骨的兩側有粗大的神經和肌肉。而且排列了許多調整體調的美容點。將這個肌肉抵住柱角，好像靠在柱角上進行壓迫。不斷地移動會產生疼痛感，因此只要從上壓迫即可。

②、利用扇子打法，敲打背部的肌肉。但是這時不是利用手的小指側面，而是利用食指側面輕彈。因為坐在辦公室內而經常趴著的人，利用這種方法會覺得很舒服。敲打十次後會覺得背部發熱。

③、美容點的刺激，在腰圍附近、背骨的兩側三公分處有美容點，按壓此處。好像抓住腰似地，用拇指用力按壓。數一、二、三一邊吐氣一邊按壓。

④、最後修飾時，伸直背部的肌肉。正坐，雙手貼於地面，盡可能往前伸，臀部往後拉。放鬆全身的力量，感覺好像額頭貼於地面似地。保持這個姿勢

，靜止二十秒鐘。

臀部區

運動選手的臀部因為肌肉發達而緊縮。臀部鬆弛就是運動不足、肌肉鬆弛的證明。鍛鍊臀大肌、臀中肌、臀小肌就能夠豐臀。特別擔心的人必須進行①的伸展動作。

①、鍛鍊肌肉、緊縮臀部的體操。

俯臥，手臂在下巴下交叉、單腳筆直上抬，直到無法上抬時靜止十秒鐘。雖然有點難過，但是卻有鍛鍊背部肌肉、腹肌、腳的內側肌肉的效果，能達到全身的塑身效果。交互進行三至四次。

②、臀部按摩，好像抬起左右臀部似地，手由下往上移動。然後手旋轉一周。臀部是容易瘀血的部位，因此按摩有效。

③、其次使用拳打法，有節奏地敲打整個臀部。

④、刺激使從腰部到臀部血液循環順暢的美容點。手叉腰，拇指碰到的位置好像捏腰部的感覺似地進行壓迫。按壓在其下方腰骨下的美容點、及位於骶

②

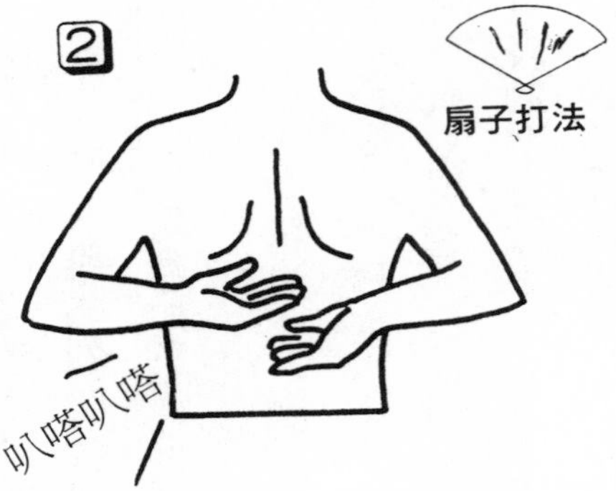

◀接近腰的部分利用扇子打法敲打使其放鬆。進行三十次。背部不要使用小指側，而要使用食指側進行敲打。

③

▶背骨兩側三公分處的美容點各有二個。手叉腰按壓美容點。三秒進行三次。

④

▲正坐，雙手貼於地面，伸直背部。臀部往後拉。放鬆全身的力量，好像額頭貼住地面似地。保持這個姿勢二十秒。

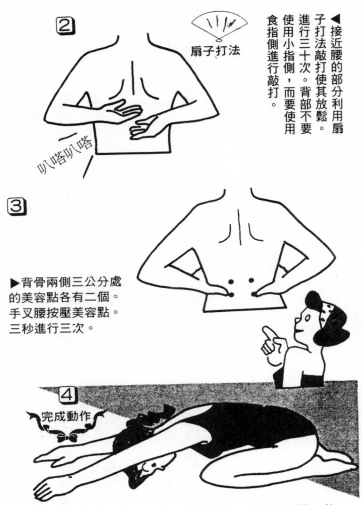

背部區　——創造美麗的曲線，去除贅肉

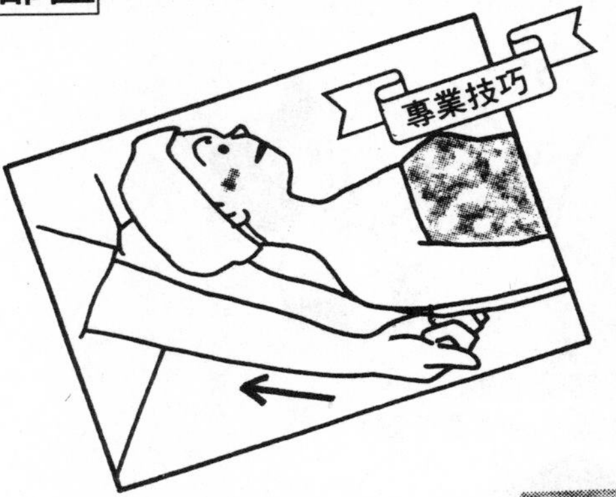

背部容易積存疲勞，而且脂肪附著非常顯著。因此必須加以修飾。

1 開　始

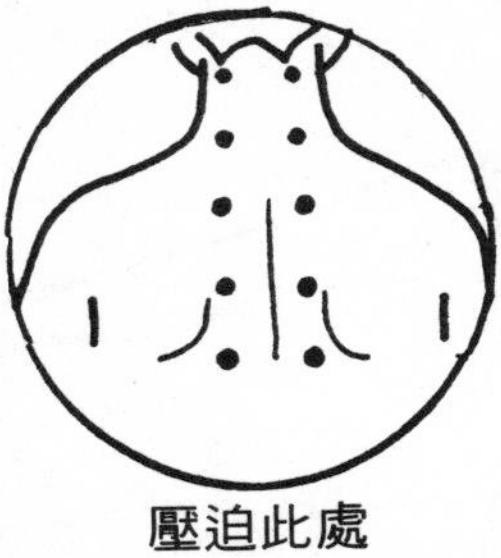

壓迫此處

▶背骨兩側的肌肉集中美容點。靠在柱子等的角上，如圖所示的部分左右各壓迫二十秒。

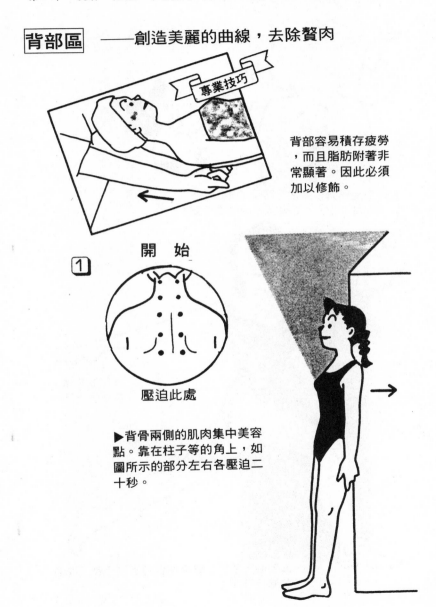

4

▲從上面開始依序按壓腰部的美容點。
三秒持續三次。以感覺舒服的強度按壓。

5

◀秘訣是腰
朝後方伸直

▲手貼於膝，扭轉身體保持五至十秒。左右
各進行三次。

臀部區 ——擁有圓潤緊縮的臀部

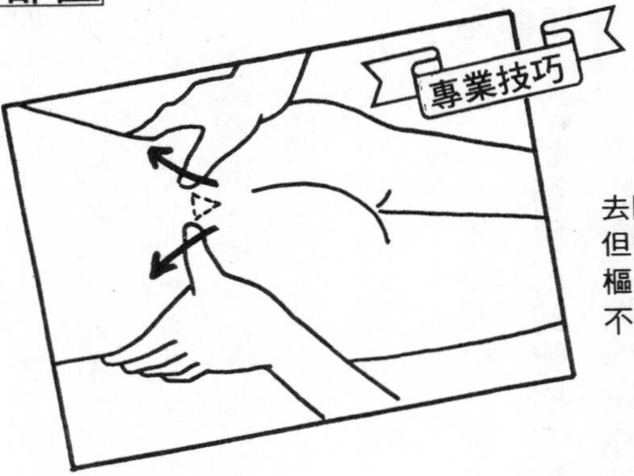

去除贅肉當然很好，
但是骶骨（腰骨的中
樞）附近也是重點，
不要忘記。

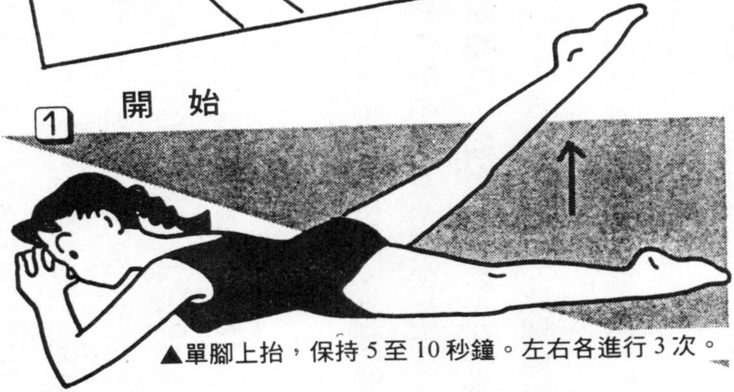

▲單腳上抬，保持 5 至 10 秒鐘。左右各進行 3 次。

▲感覺將臀部由下往上抬似地，繞一圈。進行 5 次。

▲為了去除痠痛，用拳頭敲打。進行 20 次。

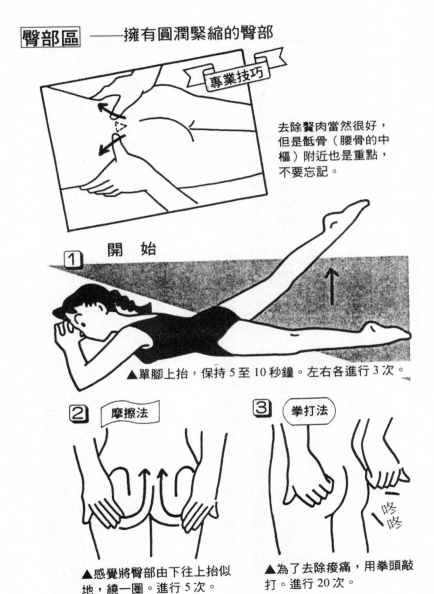

骨兩側的美容點。對於腰痛的治療有效。這個點也是治療生理痛經常使用的點。

⑤、這個動作比較困難。如果要利用體操和運動等緊縮肌肉，屬於較困難的程度，比起普通的動作而言，對於肌肉造成的負擔會增加二成。

左腳在前，雙腳前後大幅度張開，彎曲左腳，腰深深地下落。保持這個姿勢，右手抵住左膝外側，左手在背後伸直，身體朝左扭轉。保持這個動作十五秒，相反側也以同樣的方式進行。

腿部區

大腿太粗、希望小腿肚變細、希望緊縮腳脖子。幾乎所有的人都對自己的腿部感到不滿意。經常站立工作的人腳容易浮腫。當腿部的血液循環順暢時，回到心臟的血液量增加、全身的血液循環順暢，所以③、④、⑤最適合用來去除浮腫之腳的疲勞。

①、伸直大腿前面的股四頭肌，進行緊縮大腿的運動。

左腳彎曲，用左手抓住腳尖，帶到臀部。保持這個姿勢。左膝往後上抬，大腿前側會產生緊繃感，這就是股四頭肌伸展的證明。

保持這個姿勢靜止二十秒鐘，相反腳也同樣進行。這種伸展運動的秘訣在於慢慢地做，才能伸展肌肉。穩定性不佳而搖晃的人可以扶住牆壁或桌子。

②、利用拳頭敲打從腳脖子到大腿的兩側。尤其大腿必須仔細地敲打。但是不可以過度用力，否則會瘀青。

③、刺激美容點。位置在距離膝上方四公分的大腿內側。與女性荷爾蒙的功能有密切關係，生理痛而覺得難過時，可以利用這個方便的美容點。

膝打直，放鬆腳的力量，好像從上方抓住腳似地用拇指按壓。這裡會覺得非常疼痛。膝後方皺褶的中央的美容點也要按壓，膝後方是神經的通道，因此必須輕輕地加以刺激。

④、進行去除腳浮腫，促進血液循環的按摩。觸摸脛骨的外側有粗大的肌肉。由腳脖子開始往上摩擦這條肌肉。這時在膝下方會遇到骨突出處。在其下方用拇指按壓。會產生鈍痛感，這是能夠去除腳部疲勞、調整胃腸狀況的特效點。

③

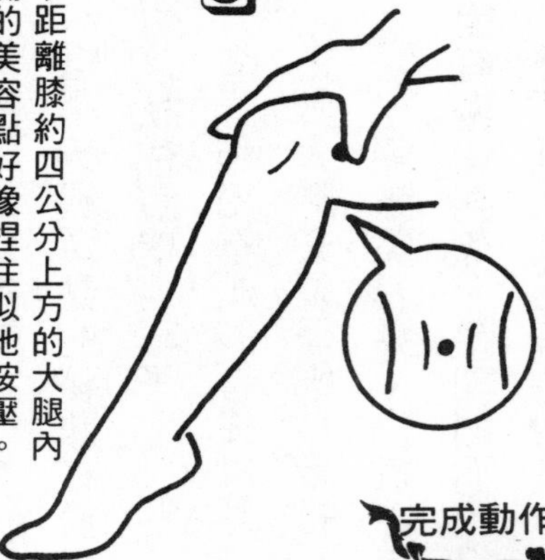

▶距離膝約四公分上方的大腿內側的美容點好像捏住似地按壓。膝內側中央用中指按壓。三秒鐘進行三次。

⑥

◀腳伸向斜前方，腳尖豎立、伸直肌肉。左右進行五至十秒。

④

▶從腳脖子的方向將骨外側的肌肉往上抬，按壓膝下四公分的美容點。三秒鐘進行三次。

⑤

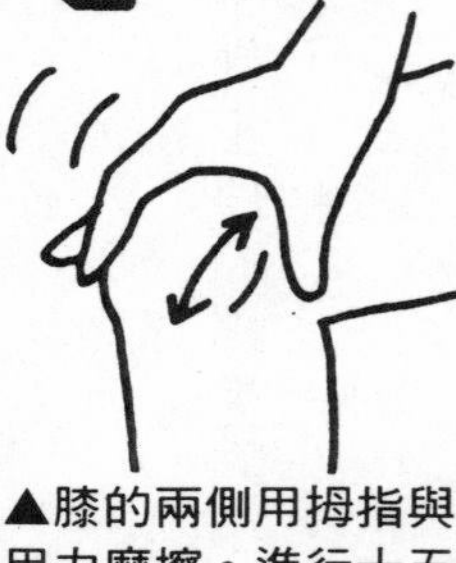

▲膝的兩側用拇指與中指夾住，稍微用力摩擦。進行十五秒。

腿部區 ——去除浮腫，擁有纖細的腳線

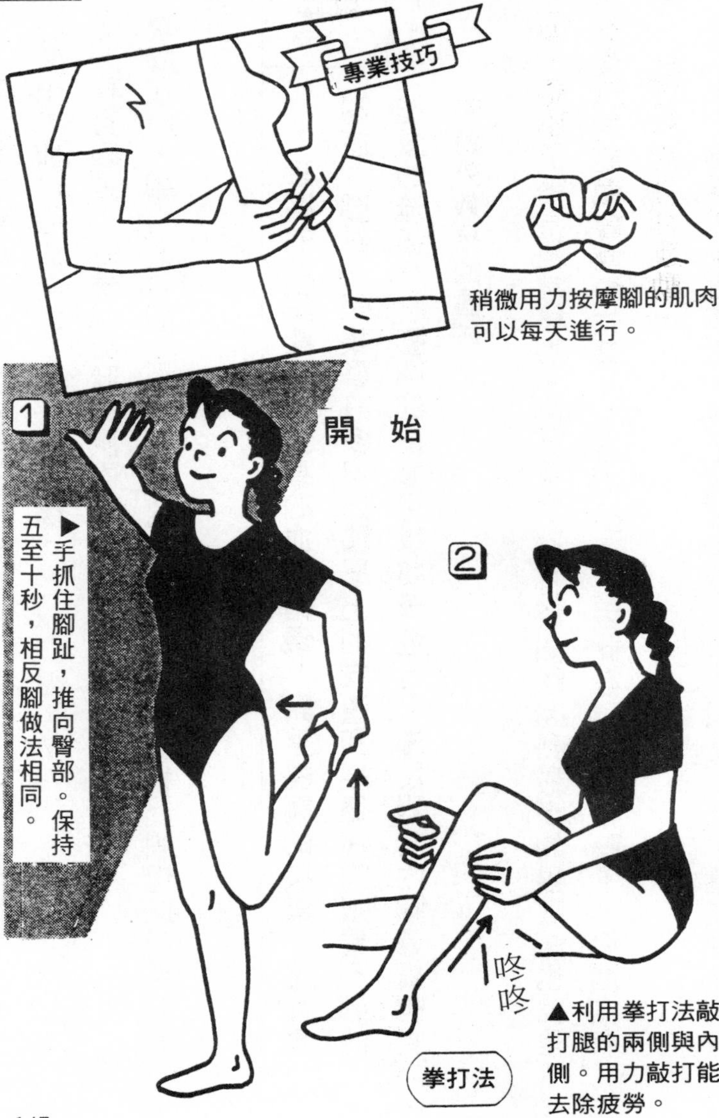

稍微用力按摩腳的肌肉。可以每天進行。

▶手抓住腳趾，推向臀部。保持五至十秒，相反腳做法相同。

▲利用拳打法敲打腿的兩側與內側。用力敲打能去除疲勞。

⑤、膝周圍有贅肉真的令人很擔心。直接浮出骨的形狀的膝部是美腿的象徵。好像用手抓住膝的兩側似地仔細摩擦。

⑥、伸直跟腱，緊縮小腿肚的肌肉。單腳在前，腳尖盡可能拉向腳。小腿肚伸直後後仰，相反側也以同樣的方式進行。

腳區

腳區的按摩能促進全身的血液循環、調整體調的按摩。尤其是腳底、腳趾上聚集了許多東方醫學上的穴道和經絡（肉眼看不到的能量的流通）。腳區的按摩可以每天進行。屬於對於內臟等處也具有意外效果的區域。

①、腳脖子平常經常移動，但是幾乎沒有辦法移動到最高的界限。也就是說，不使用的範圍會漸漸生鏽，有贅肉積存。因此必須活動腳脖子，促進血液循環，就要利用這個運動。

坐下來，腳背朝地面按壓。或是旋轉腳脖子。不只是腳部，還能促進全身的血液循環。

②、腳趾處聚集了許多東方醫學上的經絡的出發點。也就是循環全身能量的出發點。將每根腳趾好像由前後夾住似地，一邊畫螺旋，一邊仔細按摩。接下來摩擦趾縫之間。感覺疲勞時，早上起床後進行這個按摩，就能夠恢復元氣。

③、用拳頭摩擦腳底，由腳跟到腳尖進行摩擦。腳底聚集了許多與全身有關的美容點，一一加以刺激太困難了，因此可以一次按壓。腳是距離心臟最遠處，因此血液容易積存。這個按摩可使積存在腳的血液和水分循環順暢，使全身的血液循環順暢。

④、觀看腳底，會發現拇指側和小指側有二個膨脹處。膨脹處之間的陷凹處和腳底心用拇指按壓。這是有效地消除腳的疲勞及浮腫的美容點。能使水分代謝旺盛，排泄多餘的水分。

⑤、手掌和腳底貼合，手指交疊。腳趾非常地寬，保持這個姿勢旋轉腳脖子。腳平常被擠壓在鞋子裡，有時候讓它開放一下是很重要的。對於預防腳趾變形或是近來增加很多病例的外反拇都有效。

3

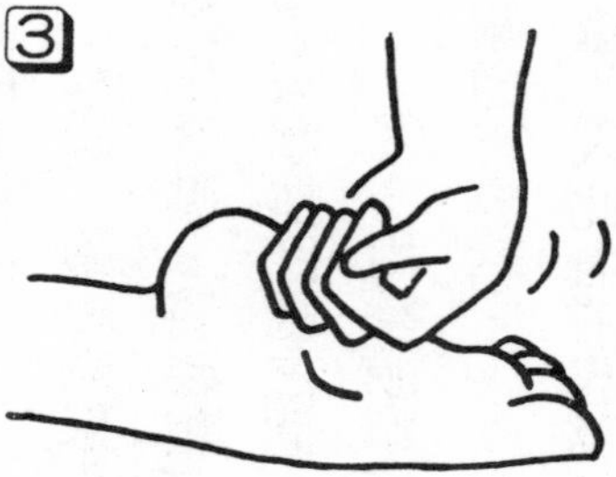

◀用拳頭由腳跟朝向腳尖摩擦。進行五至十秒。

4

▶腳底的人字形隆起中央和腳底心用雙手的拇指以感覺舒適的強度按壓。三秒進行三次

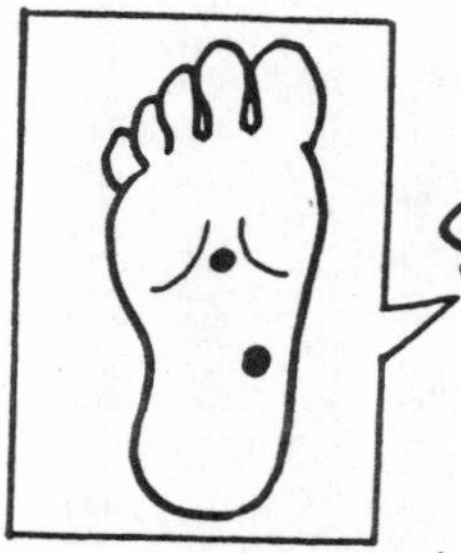

5

完成動作

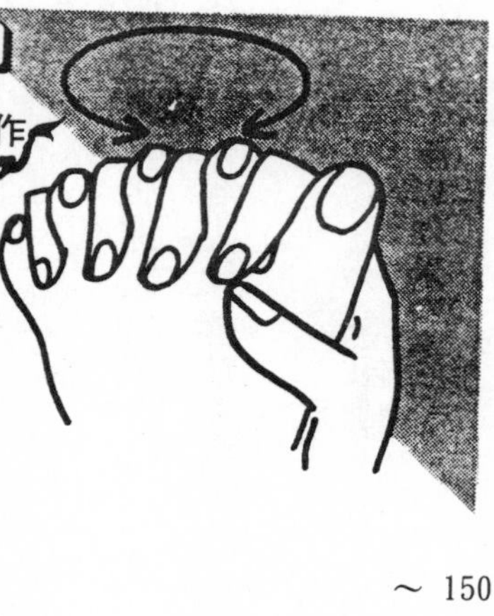

▶手和腳的指頭交互交疊，繞腳脖子。左右進行五至十秒。

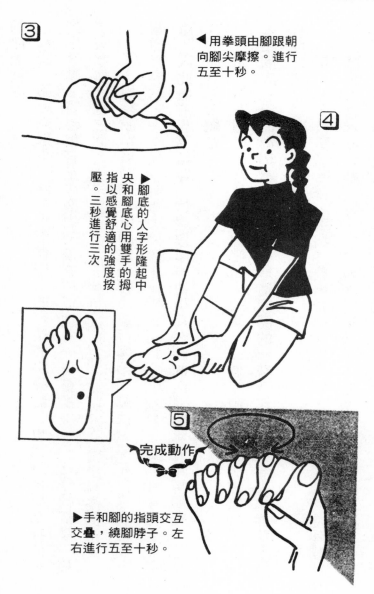

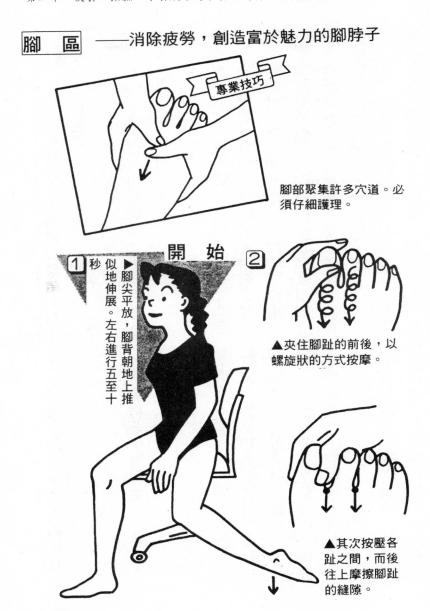

腳　區　——消除疲勞，創造富於魅力的腳脖子

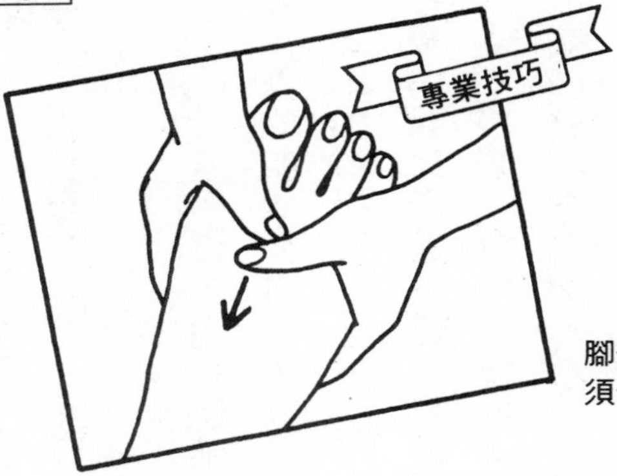

腳部聚集許多穴道。必須仔細護理。

開　始

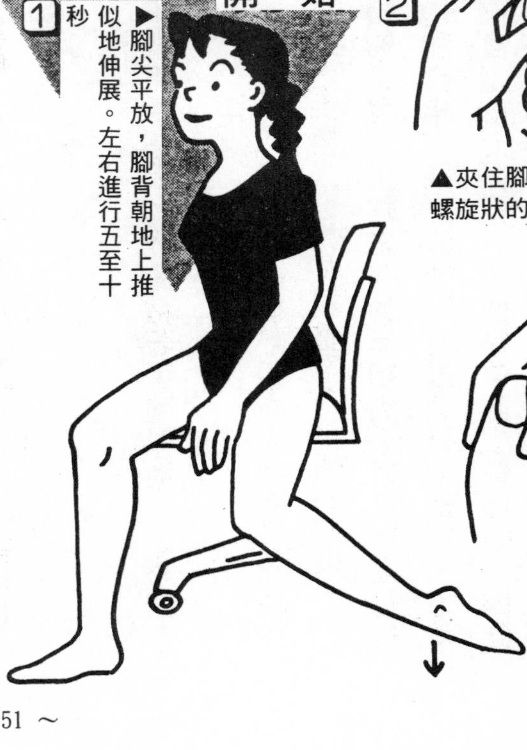

① ▶腳尖平放，腳背朝地上推似地伸展。左右進行五至十秒

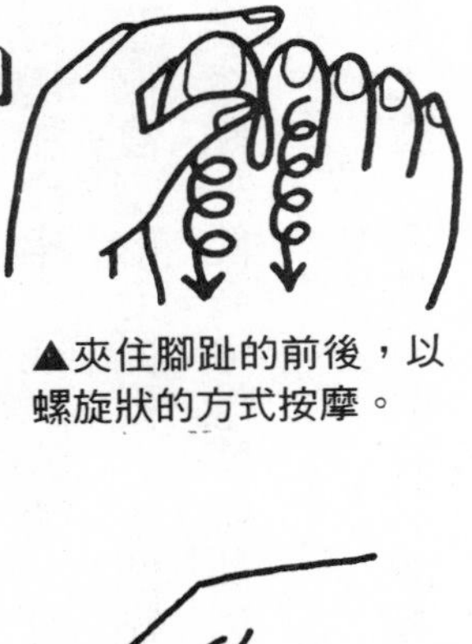

② ▲夾住腳趾的前後，以螺旋狀的方式按摩。

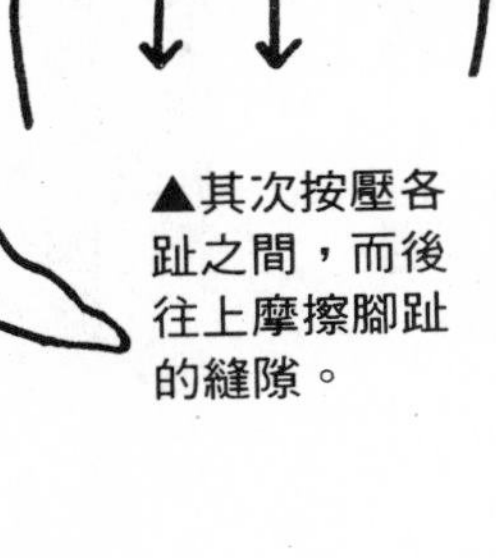

▲其次按壓各趾之間，而後往上摩擦腳趾的縫隙。

手區

手指是女性美麗的象徵。為了保持光滑美麗的手，隨時都可以刺激②、③、⑤的美容點。

①、伸直手臂，用相反手上下按壓手關節，好像粘著手腕似地。這時就會發現手臂的肌肉伸直了。

②、用拇指與食指夾住手指的表裡，以螺旋狀由根部朝指尖按摩。此處有許多東方醫學所謂的經絡通過。不只是手指，也具有調整全身平衡的效果。

③、接觸手背時，會摸到手指的肌腱。肌腱之間從拇指到小指全部進行按摩。如一五四頁的圖所示，用拇指和食指夾住、放開，反覆做這個動作。這時，拇指和食指根部之間用拇指朝向食指的方面推，這個點會產生鈍痛感，因此必須依賴這種疼痛的感覺找出美容點。能有效地使臉部以上的血液循環順暢，去除血氣上衝的現象，去除疼痛。

④、手腕的小指側有骨的突出處。在其旁邊的陷凹處，按壓手腕（背側）皺紋上方的美容點。這個點「熱積存處」對於手腳冰冷症非常有效。能夠促進

全身的血液循環，使身體溫熱。

⑤、還要進行另一個美容點的刺激。用拇指按壓手掌的中央，一邊吐氣一邊按壓。被稱為精神安定點，對於肌膚的大敵焦躁有效。感覺心情煩躁或生氣之前請按壓這個點。

⑥、最後用力握拳放開。進行三至四次這個運動。就能使手溫暖。

3

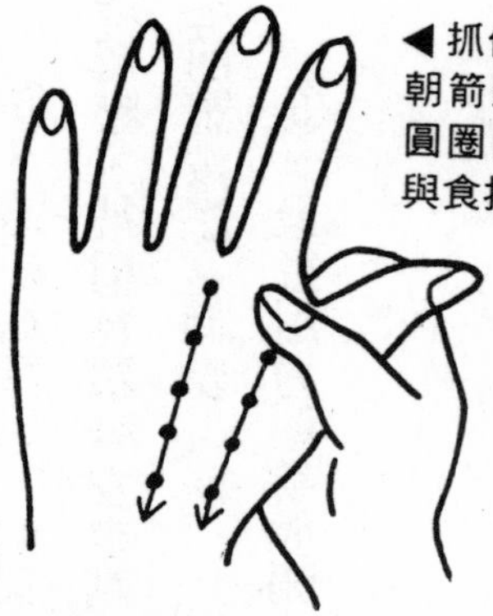

◀抓住指縫之間，然後放開，朝箭頭的方向按摩結束時如圓圈內的圖所示，按壓拇指與食指之間。

4

▶小指側、手腕的皺紋內側的陷凹處，如圖按壓。

6

▼握緊手，叭地放開。反覆進行三至四次。

5

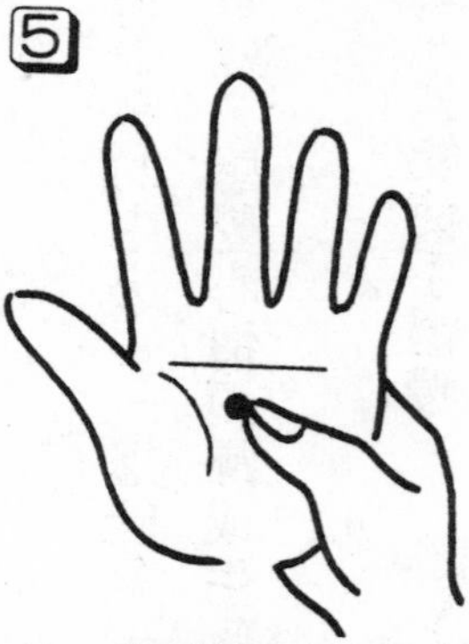

▲一邊吐氣一邊按壓手掌的中心。

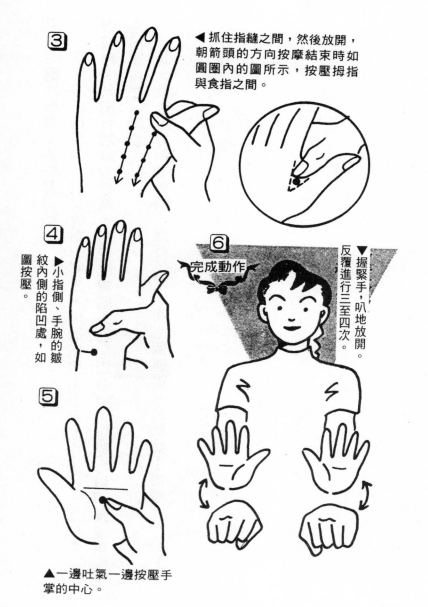

手區　——創造纖細的手指

手容易痠痛。一定要放輕鬆。

開　始

1

▶如圖所示伸直手臂，推擠手臂。

揉捏法

2

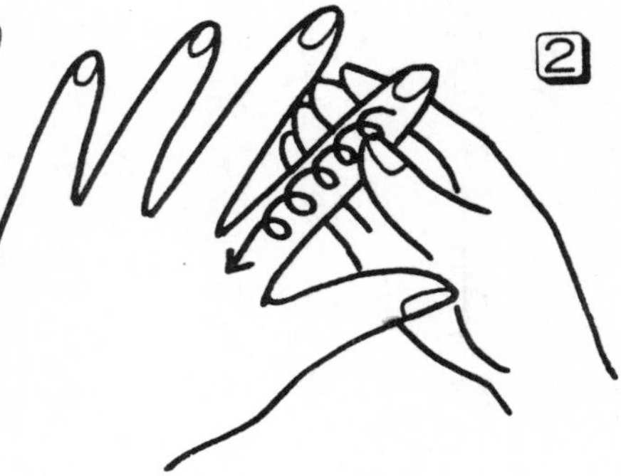

▶抓住指甲兩側，以螺旋狀的方式由指尖揉捏到根部。

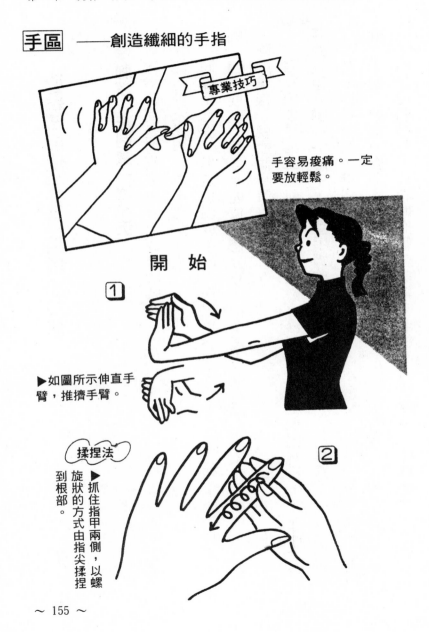

4 放鬆法能使美容效果增加二倍

「冷刺激、溫刺激」泡澡法

沐浴時間是能夠去除一天疲勞的時間。這個時間也可以用來積極地創造美肌。該泡熱水澡還是溫水呢？

同樣是泡澡，但是依溫度不同，作用也不同。42～43度的熱水能使身體清醒，四十度左右的溫水能使身體放鬆。泡個溫水澡實際上能使血管擴張、血壓下降。這樣子就能使身體放鬆。

因此如果早上上班前泡澡，泡個熱水澡，夜晚則泡個溫水澡，才能配合身體的規律。躺在浴缸中，按壓手腳的美容點進行按摩，則更有效。

為了創造美肌，淋浴時可以利用溫水浴、冷水浴交互淋浴五至六次。小腿肚、大腿、臀部、腹部，肩膀到手臂、側腹等，都可以淋浴。

給與冷刺激時，皮膚的血管會收縮、毛細孔也會收縮、溫熱的刺激則使血管擴張、毛細孔擴張。交互進行這些刺激對皮膚而言是好的刺激，使新陳代謝旺盛。

皮膚的細胞經常更新。促使新舊交替順暢，皮膚就能充滿活力。暖刺激和溫刺激就是利用皮膚這種構造創造美肌。泡澡之後血液循環順暢、身體溫暖，最適合按摩、泡完澡之後就要擦乾水分、進行按摩。

肌膚發黑使用油敷法

手肘和膝、腳跟的發黑、乾燥，令人感到很擔心。

但是，如果泡澡時使用浮石或美體刷拼命地刷，會造成反效果。用硬的東西摩擦時，較快的人一至二年，肌膚再好的人大約持續五年，就會出現斑點。不僅如此，皮膚會像象的皮膚一樣變厚、變硬。

腳跟可以輕輕地摩擦，但是與洗臉同樣地，絕對不能用刷子用力摩擦身體。

「那麼，該如何護理手肘和膝、腳跟呢？」

偶爾泡澡，充分軟化角質之後，只要稍微用力地清洗就可以了。問題在於

手肘、膝、腳跟、手……
——增加女性魅力的護理法

◀手肘、膝是容易乾燥的部位。泡過澡肌膚含有充分的水分時，可以利用乳液或乳霜保護。

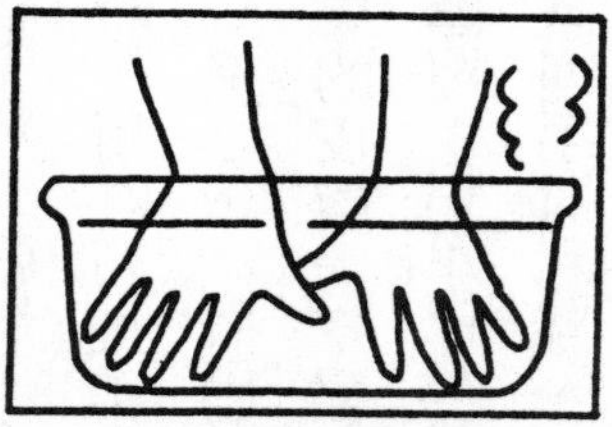

將雙手浸泡於約 40 度的溫水中 30 秒，之後擦乾水分。

塗抹護手膏，指甲不要忘記塗抹。

▲腳跟乾燥的情形嚴重時，塗抹凡士林，用保鮮膜包一個晚上。

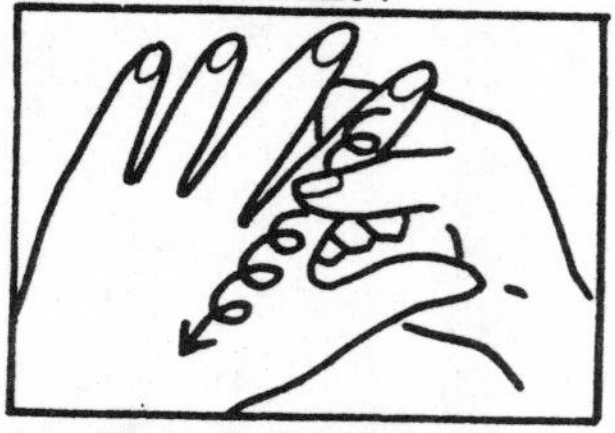

進行手區的按摩

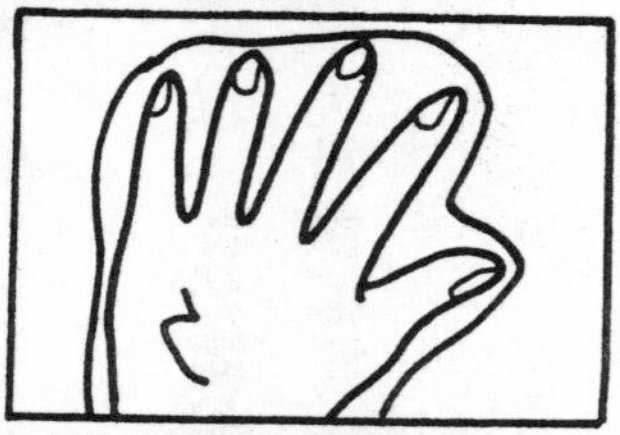

戴上薩綸手套 3 至 5 分鐘。

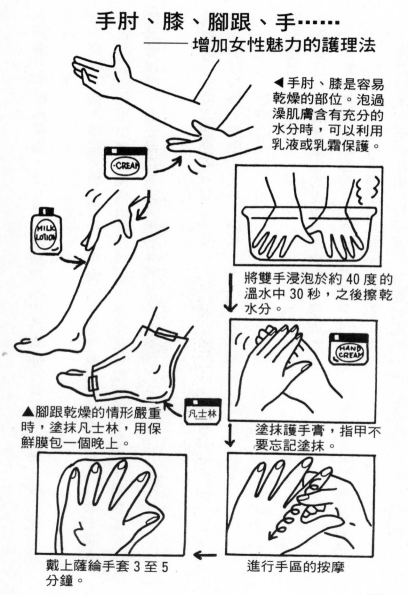

乾燥的情形。好像撒上白粉般出現乾燥的情形。這種乾燥使肌膚看起來骯髒、發黑、泡澡後必須進行預防乾燥的護理。

手肘、膝、腳跟必須充分塗抹潤膚乳，油分多也不要緊，但是膝以下不是非常乾燥，所以塗抹乳液就可以了。背部、頸部、胸部的皮脂分泌較多，不要塗抹潤膚乳，如果塗抹於背部時，尤會形成面皰。

如果乾燥情形非常嚴重，腳跟出現皸裂時，每晚都要進行油敷。充分塗抹凡士林（藥局有售），再用保鮮膜包住，擱置一晚，經常這麼做就能擁有滋潤的肌膚。

三分鐘指甲護理法

女性的手因為接觸水或乾燥，經常受損。

最近塗抹指甲油時，先塗抹保護油，很多人誤以為這樣便可保護指甲，可以安心了。但是，保護油的目的是為了使指甲看起來漂亮，不是為了保護指甲。洗澡後，皮膚上的指甲因為含有水分，這時必須一併護理手和指甲。

手部非常乾燥時，塗抹乳液後用保鮮膜包住，擱置三至五分鐘。防止水分蒸發，使皮膚恢復滋潤。

不會損傷肌膚的脫毛原則

毛很多的人必須處理很多雜毛，覺得非常麻煩。無法一次處理完，而且容易損傷肌膚。

家庭使用的脫毛法就是使用剔刀剔除或是拔毛。也有利用石臘撕下、利用脫毛膏溶解、脫色等。當然各有優劣，但都不是最好的方法。

容易持久的是拔毛及利用石臘的脫毛法，毛會從毛根去除，因此在新毛長出來之前沒有問題。利用拔毛的方法拔除很費時，最簡單的方法就是利用石臘，但是會疼痛，肌膚較弱的人會因此而形成很大的負擔。

此外，拔毛後有細菌感染的危險。因此，如果準備前往海邊或游泳池之前要脫毛，在二至三天之前就必須完成。出發前日才進行脫毛絕對不行。

除毛、脫毛膏是分解角蛋白結合，使毛變性而加以除去的方法，結果和剔毛的狀態都相同。利用剔刀去除很危險，甚至連角質都可能一併去除，所以不可以經常使用。

以下介紹雖然不能持久，但可以簡單進行的方法，就是使用刮毛刀，是最安心的方法。最近，配合腋下或比基尼線等要刮除部位的形狀，有不同的刮毛刀上市，可加以利用。但是皮膚較弱的人如果經常使用，對於肌膚會造成刺激。所以只能一週或十天左右使用一次。

手臂或足脛等可以利用石臘或脫毛膏，不過可能會引起斑疹。所以在真正進行脫毛之前必須進行簡易的肌膚測試。

拔毛或剔毛不會使毛更濃，所以不必擔心。剔毛後毛再度長出來時，會覺得毛非常粗糙，但事實上粗細並未改變。必須注意的是不要損傷肌膚。

使壓力銳減的芳香療法

「家庭美容雖然不錯，但是無法創造像美容沙龍般的氣氛，這是缺點。」有這種想法的人可以利用芳香的效果。

相信很多人都聽過「芳香療法」。香味的確具有意外的效果，這是最近得知的事實。

芳香療法是幾千年前使用精油供神，埃及地區則用其治療鬱病及神經衰弱。印度和中國人不只是聞香氣，還可以塗抹在皮膚上或飲用，有各種不同的使用法。

聞到焚香的味道會使人情緒穩定，相信大家都有這樣的經驗。因此可利用香氣的鎮靜效果。

不過，以往一般的認識只是「芳香療法是一種原始的治療法」而已。

但是，近年來經由科學的方法證明了芳香療法的效果，使得芳香療法急速受歡迎。古人的智慧絕對沒錯。

因為研究睡眠而成名的東邦大學的鳥居鎮夫教授，使用香氣調查腦波的反應。根據研究，發現檸檬、檀香等香氣具有鎮靜效果。茉莉、薄荷、玫瑰等則具有使神經興奮的作用。

利用這些作用，早晨在茉莉花的香氣中充滿元氣地醒來，夜晚則在西洋甘

●清醒型、睡前放鬆型

分別使用「香氣」達到美容效果

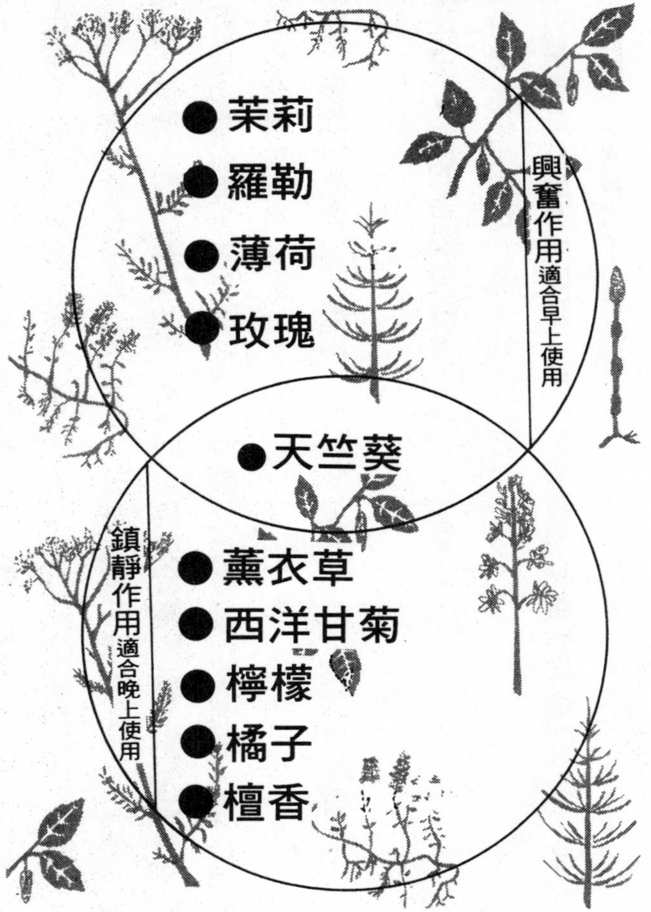
●茉莉
●羅勒
●薄荷
●玫瑰
興奮作用
適合早上使用
●天竺葵
鎮靜作用
適合晚上使用
●薰衣草
●西洋甘菊
●檸檬
●橘子
●檀香

●在房間裡享受美容之樂時，塗抹在窗帘上，或是將精油滴在可愛的小盤中，擱置一旁也是很好的方法。塗抹香水時，如果塗抹在衣襟內側或內衣褲上，就不必擔心斑疹的問題了！

菊的香氣包圍下靜靜入睡。這些都是可以辦到的事情。

承受壓力時，如果聞薄荷和茉莉的香氣，就能增強對抗壓力的反應。所以，實際於工作場所中釋放出這些香氣，就能減低一半的錯誤。有的企業曾採用這種作法。每個人對於香氣的好惡不同，根據實驗顯示，因人而異，對於香氣的濃淡好惡也具有個人差異。把自己喜歡的香氣擺在房間裡，或是滴幾滴精油到浴缸中泡個澡也不錯。

但是，精油可能會引起斑疹，所以必須避免直接塗抹在肌膚上。

能大量產生α波的音樂美容法

和香氣一樣可以提升氣氛的方法就是音樂。

「只是因為喜歡音樂而聽音樂，怎麼會對身體有好處呢？」

也許很多人會覺得不可思議。

但是，音樂具有緩和情緒的效果。

腦波在精神狀態穩定、放鬆時會放出α波，承受壓力、緊張時會出現β波

驚人的芳香療法效果

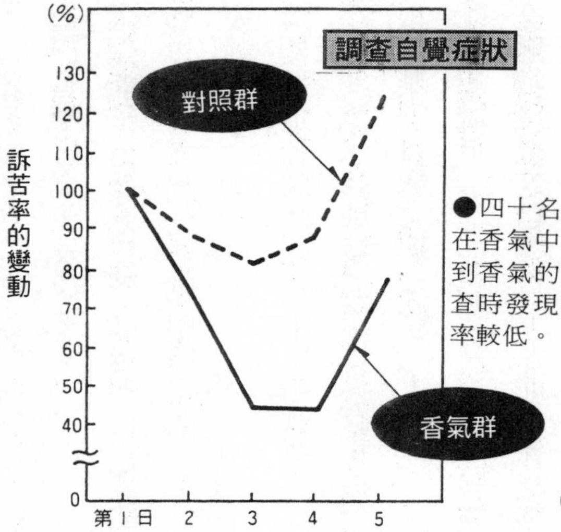

●四十名公司職員分為瀰漫在香氣中的一群以及沒有聞到香氣的一群，進行問卷調查時發現香氣群的疲勞訴苦率較低。

（資料／佳麗寶）

音樂美容的有趣效果

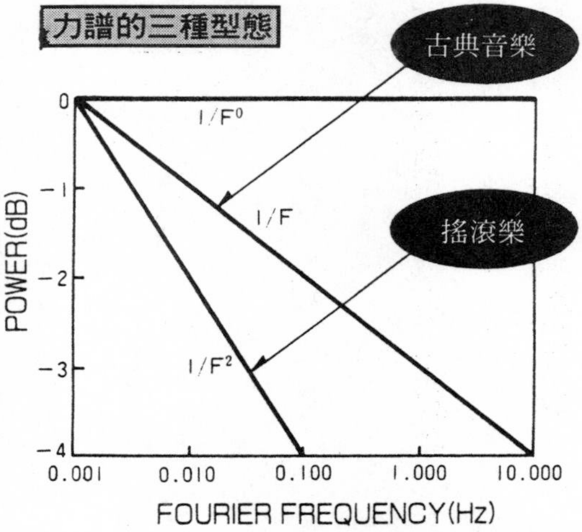

音分為意外性較強的『$1/f^0$波動』及規則性較強的『$1/f^2$波動』，及兩者平衡適中的『1/f波動』三種。其中『1/f』波動最能達到放鬆效果。

（資料／佳麗寶）

。例如，頓悟時的和尚在瞑想時的腦波就是α波。

為何音樂會產生α波呢？

人類能夠自然感受到舒適的自然界的音和光，包圍在四周時就能產生α波。自然界的音及光的波動中所含的「f分之一波動」的規律法則能使我們的心產生安詳狀態。

最接近這種狀態的就是古典音樂。

小河的流水聲或波浪聲也具有相近的規律。

根據某項實驗，顯示聽「f分之一」的音樂時，

①血壓降低——能迅速呈現安靜狀態。

②脈搏跳動次數降低——能迅速呈現安定狀態。

也就是說，即使在清醒狀態下，適度的刺激能夠滲透到心的深處，而製造一個「最平靜、最理想的身心狀態」，這就是音樂美容。

在喜歡的香氣和喜歡的音樂包圍下進行家庭美容——這是最享受的時刻。

第三章　消除問題肌的特效美容

——面皰、斑點、紅臉、過敏、皺紋的好消息

以往的美——可怕的錯誤

你覺得如何呢？以往難以進行的美容法，現在好像離你越來越近的。

但是，這麼好的美容技術有時也會引起嚴重的肌膚麻煩。你知道這一點嗎？事實上，去過美容沙龍之後，還到診所就診的例子並不少。

「這麼好的美容，怎麼會這樣呢？」

也許你難以想像。

我必須老實地告訴你。也就是說，如果美容沙龍利用的方式錯誤，也會產生「問題」。

你到底是基於什麼理由而前往美容沙龍呢？

「想沈浸在奢侈的享受裡。」

「想藉由專業人士之手，使自己變美麗。」

如果是這樣的回答，我也深有同感。

「使用特別的機械或化妝品，使肌膚變美麗。」

的確如此。但是，「面皰嚴重、臉部發紅。希望能夠解決這些煩惱。」

「使用化妝品後覺得肌膚痛得不得了。希望在美容沙龍治好。」

「目的是治療濕疹。」

你絕對不可以為了治療皮膚的麻煩，而前往美容沙龍。

因為美容沙龍的主要目的是使健康的肌膚變得更加美麗。

例如，手指被菜刀割傷時，你會塗抹營養霜而不塗抹藥物嗎？所以找美容沙龍治療皮膚的問題也是同樣的道理。美容沙龍就是皮膚的美容院。所使用的是市面上沒有賣的特殊用品，但是這僅止於「化妝品」的範圍。美容技術者不會像醫師般使用藥物。

有問題時必須前往皮膚科。就像罹患其他疾病一樣，必須去看醫師，但是，為什麼大家對於美容沙龍的感覺卻完全不同呢？

因此，反而在美容沙龍損害了肌膚，造成了嚴重事件。

例如，A女士就是一個例子。

她從額頭到臉頰長滿了硬的面皰。出現了問題當然就必須解決問題。但是

●進行美容前——

「以為了解」是最可怕　五種問題肌

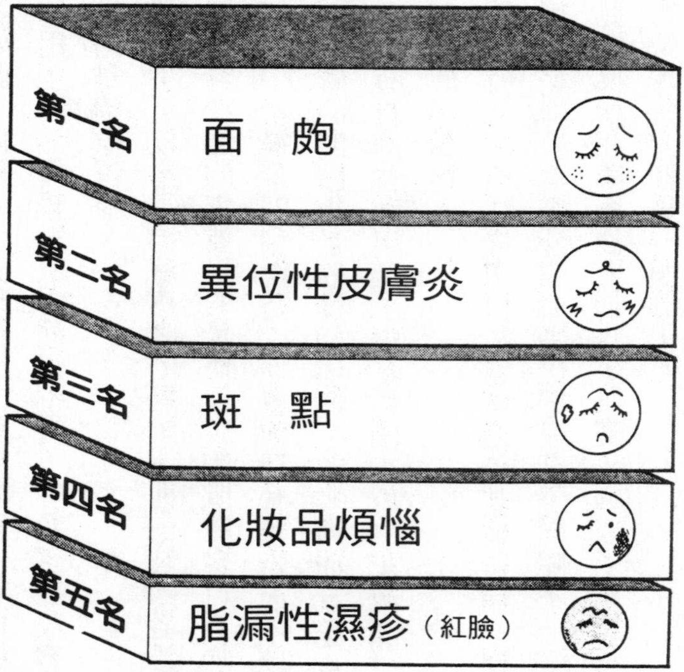
第一名
面皰
第二名
異位性皮膚炎
第三名
斑點
第四名
化妝品煩惱
第五名
脂漏性濕疹（紅臉）

●同樣是肌膚的問題，但是有時可以去美容沙龍，有時不可以去。如果弄不清楚，也許會後悔莫及。

對你而言最適合的美容沙龍

——8 種選擇條件

＊不宣傳瘦身或永久脫毛

（根據醫師法規定，永久脫毛必須在醫師處進行）

＊不勉強顧客購買票券

＊具有高超的美容技巧

（大致的標準是大約曾處理過三百名顧客的臉）

・使用的力道不會太強，不會感覺疼痛

・按摩時左右手的力道均等

＊美容沙龍注意清潔

——不讓顧客產生不快感

・指甲剪短

・未擦指甲油

・不化濃妝

・不會充滿香水或煙的氣味

・洗淨雙手

※不會過度依賴美容器具

※充分擦淨清潔劑或按摩劑。不會使其殘留

※頻繁更換毛巾

※妥善進行美容沙龍的說明

聽說A女士非常恨美容沙龍。

「我到美容沙龍後反而更為嚴重。以前只是紅色突出的面皰而已。在美容沙龍不但沒有治好，反而面積擴大了。」

「是如何護理的呢？」

「幫我按摩呀。幫我擠掉面皰。結果不但沒有好，反而更為擴大。」

嗯！就皮膚科醫師的觀點而言，這是理所當然的事情。她的面皰因為引起了發炎症狀，利用按摩的方式刺激後，結果變得更為嚴重。如果使用油性的按摩霜，面皰會更為嚴重。即使使用器具，也不能擠破面皰。因為皮膚被破壞後留下疤痕的危險性很大。

當然，美容沙龍也有問題。才會產生「為了治療皮膚的問題而前往美容沙龍」的誤解。關於按摩方面，專業美容師的確具有一流的技術，一週前往一次對於肌膚而言就很好了，但是有問題的肌膚絕對要避免刺激。忽略了這個原則時，美容沙龍也會成為悲劇的場所。

努力推廣美容正確知識的我，對於這些問題當然也感到很遺憾。

因此，到底屬於皮膚科的範圍，還是前往美容沙龍能夠擁有美麗的肌膚，必須區分這些「肌膚的問題」。實際上，皮膚科的治療中，美容技巧也有很大的幫助。所以，可算是美容技術應用的一種方法。以下探討你可能會面臨的問題。

1 毛細孔骯髒——用吸引去除

毛細孔骯髒用吸引就能去除，但是遺憾的是，市售的吸引器不具有這種效果。

我在十多歲、二十多歲時，非常在意鼻翼的毛細孔。拼命敷臉，想要弄乾淨，但是骯髒的情形卻更為嚴重。因此，阻塞在毛細孔中的皮脂又有污垢附著，因此看起來像是黑色的。

美容的吸引是給與相當大的陰壓。給與陰壓好像吸引的感覺似地，就能將毛細孔的污垢和皮脂一起去除。但市售的吸引器不具有這麼大的力量。

所以，在家庭中仔細洗臉是最好的方法。絕對不要用摩砂膏洗臉，用摩砂膏洗臉只會損傷皮膚的表皮，無法清除毛細孔中的物質。

所以，認為「痛才有效」是錯誤的想法。

只要平常仔細地洗臉，就能去除污垢。

2 預防面皰——基本條件是洗臉

皮脂是由皮脂腺分泌，經過毛細孔而來到皮膚的表面。油性肌的人由於皮脂分泌旺盛，因此臉的表面覆蓋厚的皮脂膜，毛細孔內的污垢等成為阻礙，使得皮脂沒有辦法離開毛細孔，而積存在毛細孔中。

這種狀態就是俗稱的白面皰或黑面皰的狀態。白面皰因為毛細孔關閉所以是白的，而黑面皰則是毛細孔張開，所以是黑的。最近關於黑面皰方面，又發現了新的事實。

以前認為黑面皰的黑色部分是骯髒——也就是說附著於皮脂上的灰塵、污垢阻塞，而看起來發黑。但目前已經了解黑色是黑色素造成的。黑色素就是決定皮膚顏色的色素，因此有黑色素存在當然看起來是黑的。

如果你有白色或黑色的面皰問題，一定要仔細地洗臉加以去除。忽略這個步驟時，則面皰桿菌等就會繁殖而引起發炎。這就是紅面皰。因為發炎而產生疼痛，而且發紅的情形非常明顯，因此而前往皮膚科就診的人增加了。一旦細菌感染會化膿，就變成膿面皰。

由此可知，面皰形成的根本原因是皮脂過剩分泌所造成的。皮脂腺的功能旺盛而製造出太多的皮脂，實在是一大困擾。

回到本題。皮脂腺的功能受到男性荷爾蒙的影響。因此男性大都屬於油性肌，面皰很難治好，這也與男性荷爾蒙的作用有關。

具備同樣條件的女性，則是在生理期的時候。按近生理期時，黃體荷爾蒙的功用增強。這個時期也會分泌男性荷爾蒙，造成皮脂分泌增多，容易長面皰。

所以，你在生理期前容易長面皰，就是因為這種身體構造所造成的。

預防面皰的方法就是在生理期前要勤於洗臉（一天三至五次），皮脂就不容易積存。毛髮或衣領等會觸摸到臉部的部分，刺激面皰會使其惡化。盡量不要打粉底，只要在眼睛周圍及口唇周圍重點化妝即可。當然，必須暫時中止使

面皰形成後如果不立刻治好則非常可怕

正常肌膚　面皰開始形成　白面皰

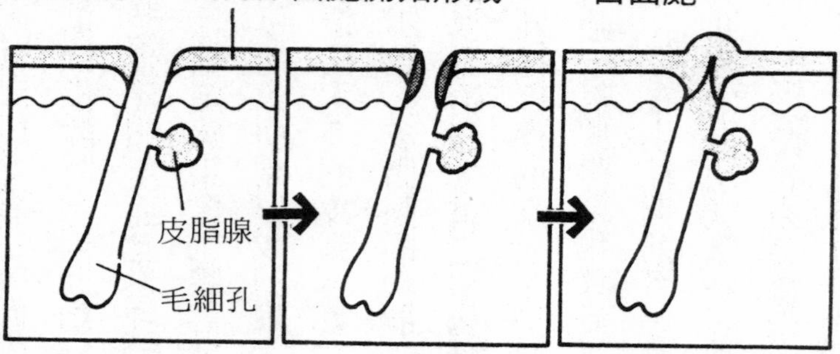

老舊的角質由肌膚自然脫落。由皮脂腺分泌的皮脂透過毛細孔正常排出。

皮脂分泌太多時，污垢容易附著，角質進入毛細孔中，皮脂也容易積存。

角質和皮脂混合成黃白色，阻塞毛細孔。皮膚表面隆起，呈現白面皰。

黑面皰　紅面皰　膿面皰

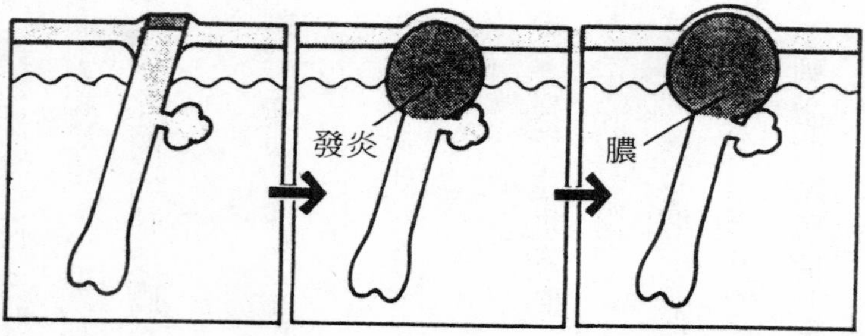

據說是皮脂或污垢阻塞，但是實際上卻是黑色素積存所造成的。

阻塞的毛細孔中有細菌增殖，引起發炎。會紅腫，觸摸時感覺疼痛。

細菌繼續增殖，發炎症狀惡化，成為重症面皰。出現膿。甚至會損傷周圍的皮膚。

容易形成面皰的部分必須仔細清洗

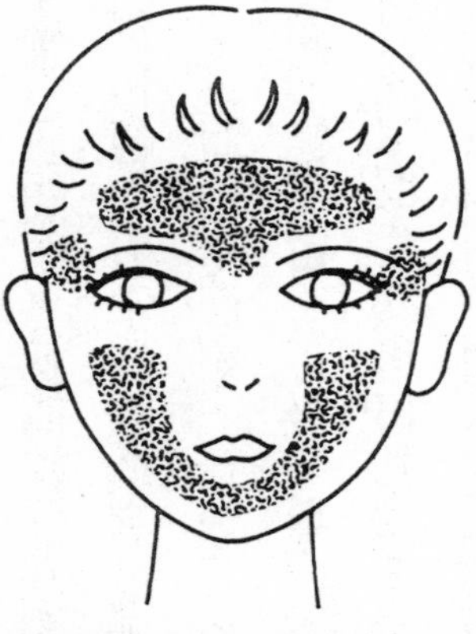

額頭和太陽穴。由臉
頰到下巴的Ｖ區

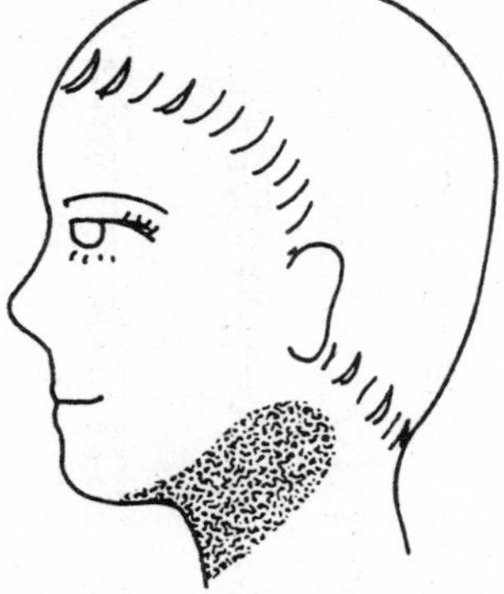

下巴下方一帶到頸部
交界處

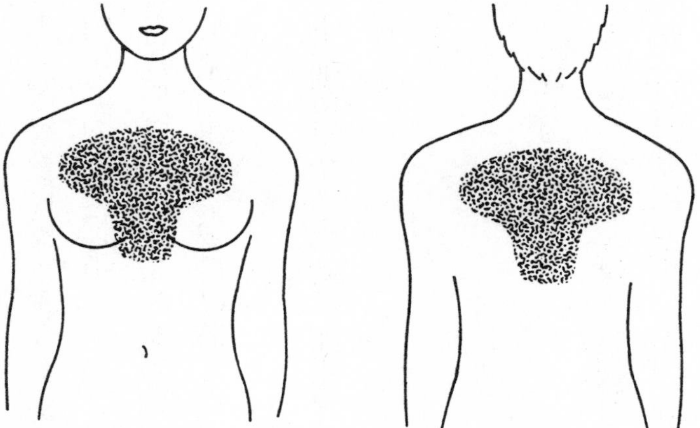

皮脂分泌較多的胸部
和背部的中心部分

用乳液或乳霜。也不能進行刺激肌膚的按摩。

注意這些問題，就能預防面皰，不論是黑面皰或白面皰，都能完全治好。但是如果化膿，表示皮膚遭到破壞，留下面皰疤痕的危險性增大。

為了迅速治癒面皰，在醫學美容沙龍進行皮脂吸引的確是最有效的方法。使用這個方法，可一併吸除黑面皰的色素。但是如果發炎或帶膿時，則必須接受皮膚科的治療，然後再利用美容沙龍。

市售的面皰用藥物只會使皮膚乾燥，防止細菌感染。因此，如果塗抹在面皰以外的皮膚上，就會使皮膚乾燥，引起斑疹。

3 化妝斑疹——疑似過敏

使用任何化妝品都不合時，就必須懷疑可能是過敏了。

因為化妝品而出現濕疹或斑疹，可能就是化妝品過敏。過敏時通常會對於特定的色素、香料或其他成分產生反應。因此，只要更換為成分不同的其他化妝品，就不會引起斑疹了。或是雖然塗抹化妝水，但是打粉底卻不會造成肌膚乾燥等。

如果使用任何物質都會導致肌膚乾燥，就表示肌膚有問題。

過敏時大都不會與平常所使用的化妝品不合。但是在季節交替的時候，肌膚乾燥時期則必須注意。因為肌膚非常纖細，感覺敏銳。

這時，即使是平常使用慣的化妝品，再度使用時也可能引起斑疹，或出現濕疹、發紅。

過敏是過敏體質的一種現象，所以先決條件是找出斑疹的原因。

利用簡易的肌膚測試，在手臂的內側塗抹化妝水或乳液、粉底等，一天後觀察肌膚是否出現斑疹或濕疹。如此一來就可以找出到底是哪一項化妝品引起的了。

但是，到底是與化妝品中的何種成分產生反應，或者過敏只是暫時的麻煩等，為了加以正確的判斷，還是要前往皮膚科接受正式的測試較好。

只要清楚引起過敏反應的成分，只要以後不使用含有這種成分的化妝品就可以了。

4 飾物斑疹——斑點預防法

因為戴飾物而引起斑疹的人增加了。醫學上的說法稱為接觸性皮膚炎，也就是一種金屬過敏。

小飾物所使用的金屬中，大都含有鎳和鈷。這些物質一旦接觸皮膚時就會成為過敏原（也就是引起過敏的原因物質）。

尤其夏季時因為汗而溶出金屬，引起過敏的危險性更大。

為了加以治療，必須避免戴金屬性的飾物。但是完全不戴飾物的確令人遺憾。

對於這一類型的人，可採用下述方法。

如果戴耳環，可在接觸耳朵的金屬部分塗抹指甲油。如此一來金屬就不會直接接觸肌膚，就可以避免金屬過敏了。

但是，不可能連項鍊都塗抹指甲油。解決方法是避免直接接觸肌膚，先穿罩衫再戴項鍊。

不知不覺中損害肌膚的斑疹原因檢查

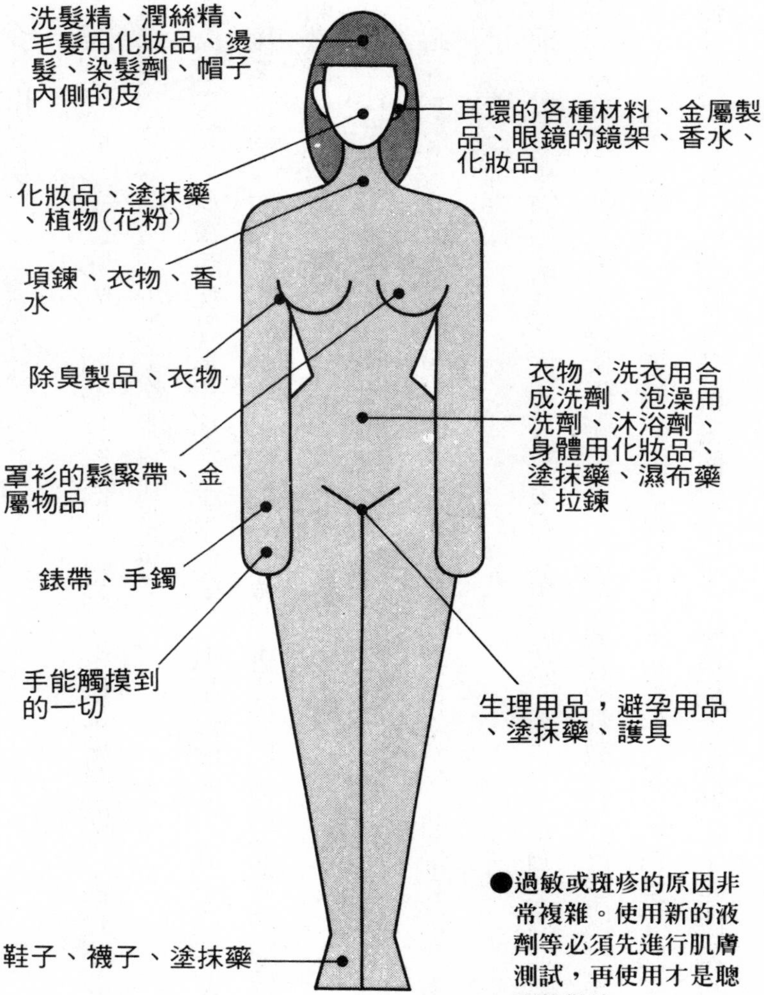
洗髮精、潤絲精、毛髮用化妝品、燙髮、染髮劑、帽子內側的皮
耳環的各種材料、金屬製品、眼鏡的鏡架、香水、化妝品
化妝品、塗抹藥、植物(花粉)
項鍊、衣物、香水
除臭製品、衣物
衣物、洗衣用合成洗劑、泡澡用洗劑、沐浴劑、身體用化妝品、塗抹藥、濕布藥、拉鍊
罩衫的鬆緊帶、金屬物品
錶帶、手鐲
手能觸摸到的一切
生理用品，避孕用品、塗抹藥、護具
鞋子、襪子、塗抹藥

●過敏或斑疹的原因非常複雜。使用新的液劑等必須先進行肌膚測試，再使用才是聰明的做法。

5 天生的雀斑——電離子透入療法有效

雀斑是否能完全去除呢？因為具有個人差異，所以很難說明。但是不要緊，以醫學美容的觀點而言，幾乎都能使其變淡。

雀斑或斑點、皮膚暗沈等真相都在於黑色素。但是形成的方式不同。斑疹是屬於後天性的，而因為紫外線或是蚊蟲的叮咬，斑疹因為美容刷等的摩擦之過度刺激而使黑色素增加。

所以，首先必須去除成為原因的刺激才能開始治療。盡可能選擇簡單的化妝器，僅止於化妝水和保濕劑就夠了。化妝品中所含的油分一旦氧化時，會成為刺激而使得斑點惡化。

以前，曾有患者告訴我「使用具有美白效果的敷面劑」，經過了解是屬於撕下型的敷面劑，如此一來會使斑點惡化。因為面膜的刺激反而會形成斑點。

另一方面，雀斑受到來自遺傳的影響很大。如果天生製造黑色素的色素細胞功能旺盛，一旦遇到紫外線時就會使黑色素不斷增加。因此，不是因為日光而引起雀斑，而是因為日光而使得雀斑變得更深、更明顯。

以年齡而言，斑點在過了三十歲之後變得明顯，但是雀斑在青春期時較明顯。

治療時，我會建議患者使用醫學美容沙龍的電離子透入療法。就是以電氣的方式，將維他命C誘導體引入皮膚中發揮作用的方法。維他命C能夠抑制黑色素的合成，對於已經合成的黑色素，具有使其顏色變淡的效果。一些具有美白作用的化妝品中大都含有這種維他命C。

但是，化妝品中所含的維他命C量很少，能被皮膚吸收的量有一定的界限，因此無法產生效果。

在這一點上，電離子透入療法，可讓濃度特別濃的維他命C作用於肌膚，因此併用於皮膚科的治療，效果非常好。較快的人在二至三週後就會驚訝地發現斑點和雀斑都變淡了。

當然，妥善實行紫外線防止對策也是一大條件。但是，光是利用馬野式美容沙龍，就有人消除了長久以來的煩惱斑點及雀斑。

6 曬傷——絕對要冷敷

暴露在紫外線中，前往海邊或山上時，雖然使用防曬化妝品，但是仍然無法避免多多少少的日曬。即使未感覺疼痛，但是出現左列的症狀時必須注意，因為肌膚已經受到損害而非常疲累。

這時，一定要妥善地護理。可是，護理也可能會製造斑點或皺紋。

「哎，曬傷了該怎麼辦呢？」大部分的人都會慌張地照鏡子。

這時就會進行按摩、敷面，不斷地折磨肌膚，如果美容沙龍的護理方法錯誤，也有很多人會產生問題。

曬傷是燒燙傷的一種，肌膚因為生病而疲倦，這時所需要的就是「靜養」。

這段期間最重要的就是不要刺激肌膚。

〈曬傷後的護理〉

利用冷敷使皮膚冷卻，去除熱。日曬後的肌膚會引起發炎，因此最重要的就是去除熱，抑制發炎症狀。

防止斑點不可或缺的維他命C效果

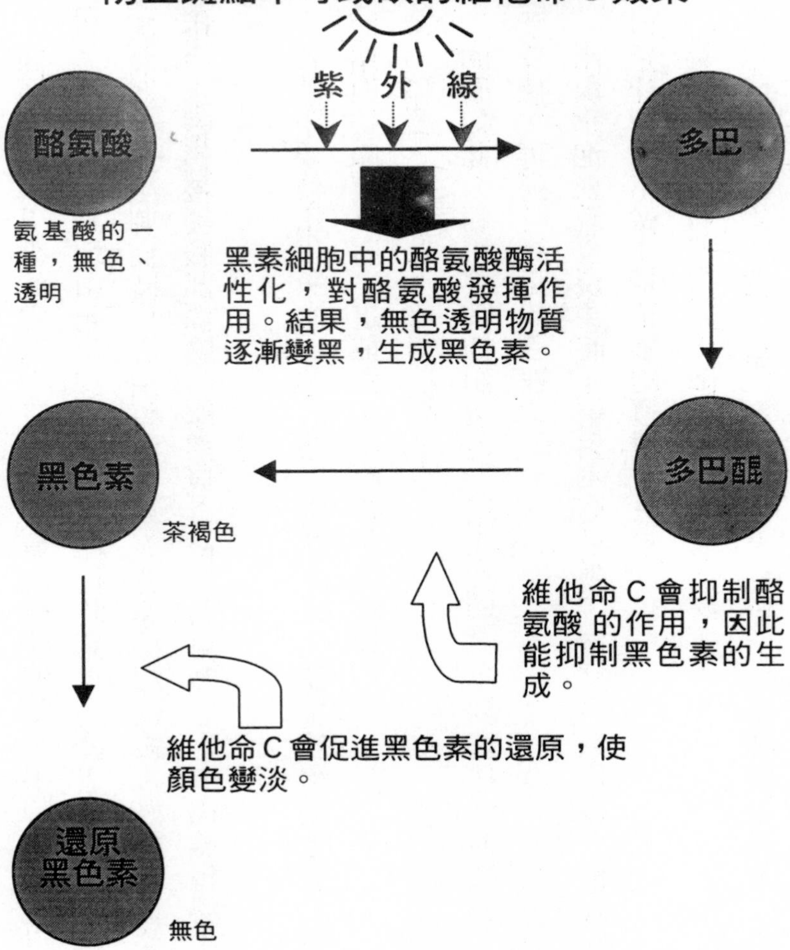
紫 外 線
酪氨酸
氨基酸的一種，無色、透明
黑素細胞中的酪氨酸酶活性化，對酪氨酸發揮作用。結果，無色透明物質逐漸變黑，生成黑色素。
多巴
多巴醌
黑色素
茶褐色
維他命C會抑制酪氨酸的作用，因此能抑制黑色素的生成。
維他命C會促進黑色素的還原，使顏色變淡。
還原黑色素
無色

維他命C具有抑制黑色素化及使黑色素還原的二種作用。但是直接塗抹在肌膚上無效。必須使用維他命C誘導體物質！

問題在於接下來的處理。肌膚形成燒燙傷狀態時，平時隨意使用的化妝品也可能在此時輕易地引起斑疹。使用各種化妝品當然會造成複雜的症狀。如果皮膚發紅、產生刺痛時，必須將洗面皂充分摩擦起泡後，好像包住臉似地洗臉。用冷水輕輕接觸臉部洗臉。摩擦只會使症狀更為惡化。擦臉也必須輕柔地進行。

暫時不要使用化妝水或美容液。當然，化妝僅止於重點化妝。不要塗抹粉底而用海綿摩擦肌膚，這種作法在此時非常危險。

「那麼，是不是不要處理呢？」

的確如此。利用冷敷抑制發燙，用水洗臉，不要塗抹任何物品，等到發炎症狀痊癒，再進行真正的護理。

出現水泡或脫皮現象時，絕對不要擠破，待其自然痊癒。也許你覺得不夠，但是什麼都不做才是正確的護理方法。

為了促進肌膚的復原，睡眠和營養最重要。

也許大家都不知道，黑色素的形成，實際上是在曬傷後過了二至三天後。

如果在此之前肌膚恢復元氣，就不會引起多餘的問題了。

（日曬二至三天後的護理）

這時發燙的現象已經鎮靜下來，皮膚逐漸復原。

到了這個時期，可以再採用平常的洗面皂洗臉法，觀察皮膚的情形，進行真正的護理。但是，洗臉時也不可以摩擦臉，必須利用泡沫包住臉似地輕柔洗臉。

在這個時期，最重要的就是要充分補充水分。日曬後的肌膚失去水分會變成乾燥。放任不管就會形成小皺紋↓真正的皺紋。

保濕效果較高的化妝水輕拍於臉上，再塗抹美容液。但是絕對要避免強烈的刺激。平常的簡單按摩也要暫時中止。如果這樣做肌膚還是很乾燥時，就塗抹一些乳液。

因為此時肌膚較敏感，所以必須使用香料較少的無酒精系列的保養品。或選用敏感肌專用的低刺激性化妝品。千萬不要使用舊的化妝品，因為疲憊的肌膚，本身的抵抗力已經減退了。

你在不知不覺中暴露於紫外線中

暴露時間（分） ＼ 主要時刻		上午8:00 下午4:00	上午10:00 下午 2:00	中 午
早上曬衣服	20（分）	3.4（J）	6.7	7.9
整理庭院	16	2.7	5.4	6.3
購物	25	4.2	8.4	9.9
外出	57	9.6	19.1	22.2

(調查二十名主婦的時間)單位為 J=cm ²。
東京、田無 1979.6.22 的資料。冬季的紫外線量約為 1/2。J=焦耳、熱量的單位。

●通常暴露在紫外線中的時間是早晨曬衣服的時候。在你感嘆「什麼時候有了斑點……」之前，最好戴帽子採取防旺對策。

不想曬傷，但出現這些症狀時必須注意

1. 無意識中摸臉。
2. 鼻頭或臉頰變成淡粉紅色
3. 塗抹平常使用的化妝水感覺刺痛
4. 用溫水洗臉覺得刺痛
5. 整個臉發紅
6. 有些部分發燙
7. 不容易上粉底，或是粉底暈開，好像脫皮一樣
8. 出現非常明顯的小皺紋
9. 整個臉看起來暗沈、發黑
10. 皮膚變成很厚，摸起來粗糙

●黑色素實際上是在曬傷後二至三天才形成。即使是意想不到的曬傷，一旦出現以上的症狀時，即時察覺還來得及！直到肌膚復原之前不要刺激肌膚、擁有充足的營養和睡眠，這樣就能防止斑點

不要認為「去年有剩下來的呀」而使用舊的化妝品，有人因此而造成嚴重的濕疹。舊的化妝品中雜菌增加的可能性很高，所以一定要使用新的化妝品。夏季專用的化妝品可以選購小包裝的，夏季時使用完，才是聰明的方法。

總之，洗面皂洗臉和化妝水、美容液就足夠了，如果不足時再加上乳液，不要給與太多物質，這是最初一週的重點。

肌膚恢復健康後，再使用平常的護理法。為避免斑點殘留，必須使用含有維他命C的美白化妝品。乾燥的部分需要利用美容液敷面。肌膚復原之後才可以開始化妝。

如果身體和臉同樣乾燥，洗完澡後不要忘記塗抹潤膚乳。

7 維他命C——與其塗抹不如服用

皮膚科進行斑點的治療上，會大量投與維他命C（一日一千mg至二千mg）。因此，服用維他命C比較好。

但是，光是這樣還不夠。在皮膚科除了服用維他命C以外，還必須使用外用藥。也就是說，直接將皮膚容易吸收的維他命C與特殊成分塗抹在斑點的部分，使黑色素變淡。

根據我自己的醫學美容沙龍的經驗，發現電離子透入療法非常有效。先前敘述過，藉此能夠提高皮膚的新陳代謝。利用電氣的方式使高濃度的維他命C作用於皮膚的方法，到達黑色素的維他命C量較多，因此斑疹淡化成幾乎看不見了。

市售的美白化妝品中也含有維他命C，依各廠牌的不同配合了各種成分，雖然有助於預防，但很難達到治療效果。只好藉由飲食和維他命劑補充維他命C，同時接受電離子透入療法，我想這才是治療斑點的最好方法。

8　紅臉——找出原因

最近，紅臉的原因有些變化了。

以前造成紅臉的原因是「血管擴張症」。血管遇冷會收縮、遇熱會擴張而發散體溫。但是由於自律神經系的控制不良，血管尤其是臉頰的血液循環太順暢，就會形成長時間擴張狀態，也就是血管擴張症。一旦血管擴張，隔著皮膚看臉是紅的。所謂「蘋果臉」的原因就在於此。

為了使血液循環順暢，我會建議各位使用臉部按摩及輕彈法。寒冷時也可能造成血氣上衝，因此溫熱足部是對策之一。

最近的紅臉則稍有不同，很多人是因為「脂漏性濕疹」而紅臉。

脂漏性濕疹是經由皮膚所分泌的皮膚反應，使得皮膚發炎或出現濕疹的症狀。嬰兒的頭部較常出現這種症狀，但是近來也常見於大人的臉部或男性的頭部。原因在於皮脂。特徵是臉部泛著油光，但皮膚卻乾燥發紅。好像撒上黃粉般，嚴重時會發癢。

如果情況嚴重，必須接受皮膚科的治療。但是洗臉最重要。原因是皮脂，因此早晚必須利用洗面皂妥善洗臉。不需要特別的洗面皂，症狀嚴重時暫時不要化妝，就能減輕症狀，並可去除發紅的現象。

但是，必須注意含有副腎皮質荷爾蒙（皮質類固醇）的軟膏，這種藥物非常有效，但是副作用很強。因為太有效，所以不能中途停用，甚至有的人連化妝打底時都使用。

但是長期使用副腎皮質荷爾蒙時，皮膚會變薄，如果停止使用，則臉會像猴子般滿臉通紅。甚至有人因此而住院治療。

即使是醫師也會慎重使用副腎皮質荷爾蒙劑。如果是輕度的情形用洗面皂洗臉就能夠治好，所以不要任意使用藥物。

9　頸部的皺紋——疑似過敏

任何人的頸部都會出現橫紋。出現直紋表示年紀已經很大了。但是如果在二十多歲時就佈滿皺紋，原因可能是過敏。

小時候是否罹患水痘或天花呢？我就是一個例子，過敏體質的人在孩提時代都會有這些症狀的煩惱。

過敏是過敏體質的一種，簡單地說就是「超敏感肌」。不只是細菌，連身邊的科學物質或植物、灰塵、自己的汗等，都會造成皮膚斑疹或濕疹。

但並非隨時如此。季節交替時或冬天時，過敏的人肌膚會乾燥。這時就會出現症狀。

像這種濕疹和斑疹反覆出現時，皮膚容易出現皺紋。即使只有二十多歲，過敏的人眼部和口唇周圍會出現皺紋。

但是，請安心。過敏的肌膚只要好好地護理，就能妥善控制。

方法之一是隨時保持清潔，另外一種方法就是防止乾燥。

過敏的人必須每天泡澡，臉和身體都必須用肥皂洗乾淨。附著在皮膚上的汗和污垢、氧化的皮脂等會刺激皮膚，因此必須沖洗掉。不需要使用特別的肥皂。肌膚狀態不良時，有些人會使用含有殺菌劑的肥皂（嬰兒肥皂也是其中之一），但是這樣反而有刺激肌膚的危險性，必須選擇香料較少的肥皂。

最重要的就是清洗。如果肌膚上殘留肥皂，會成為一種刺激。尤其是頸部、腋下、膝後容易殘留肥皂，因此要充分清洗乾淨。

泡澡後為防止肌膚乾燥，必須塗抹潤膚乳、特別乾燥的部分還是要敷美容液或保濕用的化妝水才有效。皮膚敏感的時期不要按摩。隨時保持肌膚的滋潤清潔，就能夠減少麻煩。只要這麼做就能去除皺紋，請安心吧！

第四章　有效的特殊美容一分鐘實踐法

——利用一點刺激改變你

1 特效美容……當日課程

「覺得眼睛有點腫腫的，今天要約會耶！」

「要參加宴會，但是臉色很不好看。」

照鏡子時，有時候你會不願意外出。但是如果有約會或宴會時，或在工作上要見重要的人物時，恐怕後悔莫及。畢竟一次的見面可能會改變一個人的印象或人生。當時，為避免慌張，平常的護理很重要。

不要放棄外出前利用一分鐘的技巧，引出自己最美的部分。如果無法立刻產生效果，必須持續三次或三分鐘，才是萬全之策。

●眼睛的腫脹——冷敷

睡眠不足或是晚上攝取水分的日子，疲勞的日子等，翌日早起時眼瞼會腫脹。眼睛的大小變成平日的一半，覺得睡眼惺忪。

很多人都在意眼睛的腫脹，最近甚至發售去除眼瞼腫脹的產品。但是老實說，我對於這類產品的效果感到懷疑。眼瞼的腫脹放任不管時，上午就能夠去除。因為造成腫脹原因的水分被吸收的緣故。

如果塗抹藥物會經由皮膚滲透進入血液中，法律條文中禁止化妝品中大量含有這些成分。如果化妝品具有這種效果，表示含有特殊成分，反而令人擔心。

最安心、確實的做法就是冷敷。依照前面敘述過的要領，用毛巾包住冰塊，貼在眼瞼上（約三分鐘）。

這個做法能夠使毛細孔和血管收縮，去除浮腫。

●肌膚乾燥——利用美容液敷面一分鐘

老實說，雖然打粉底會讓肌膚看起來更美麗，但是缺點也會顯現出來。覺得「有點乾燥」的肌膚乾燥現象如果塗抹粉底，反而會變得更為明顯。

為了在短期間抑制肌膚乾燥的問題，利用保濕敷面有效。按照前面敘述過的要領，利用化妝綿沾美容液，鋪在乾燥的部位一分鐘（乾燥的情形很嚴重時鋪三分鐘也無妨）。

取化妝綿後，會發現乾燥的部分完全穩定下來，非常光滑。方法很簡單，

斑點、乾燥、濕疹……檢查「危險區」

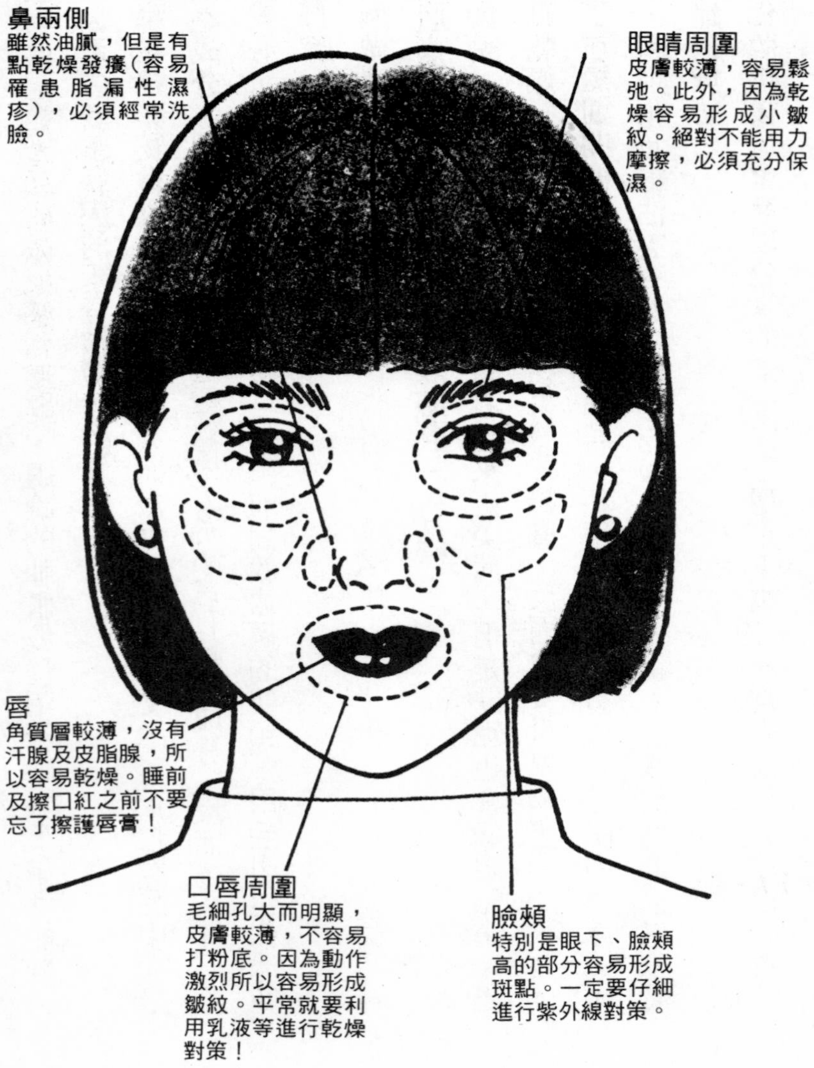
鼻兩側
雖然油膩，但是有點乾燥發癢(容易罹患脂漏性濕疹)，必須經常洗臉。
眼睛周圍
皮膚較薄，容易鬆弛。此外，因為乾燥容易形成小皺紋。絕對不能用力摩擦，必須充分保濕。
唇
角質層較薄，沒有汗腺及皮脂腺，所以容易乾燥。睡前及擦口紅之前不要忘了擦護唇膏！
口唇周圍
毛細孔大而明顯，皮膚較薄，不容易打粉底。因為動作激烈所以容易形成皺紋。平常就要利用乳液等進行乾燥對策！
臉頰
特別是眼下、臉頰高的部分容易形成斑點。一定要仔細進行紫外線對策。

這時候再上妝則感覺完全不同。

●唇色不佳——輕彈一分鐘

嘴唇的顏色對於臉色會造成影響。即使肌膚沒有問題，但是嘴唇的顏色不好看時，看起來不健康。這也是非常嚴重的損失。

嘴唇的顏色不好的原因之一，就是平常的護理不夠。你是不是真接用衛生紙擦掉口紅呢？有的人直接用乾燥的衛生紙擦掉口紅，因此，嘴唇出現斑點般的發黑現象。

另外一個原因則是血液循環不順暢。嘴唇的皮膚非常薄，因此會直接呈現血液的顏色。原本應該是紅色的血液，但是貧血的人嘴唇就比較蒼白。

我所建議的方法是輕彈法。塗抹口紅之前用三根手指好像彈鋼琴似地輕彈嘴唇，方法非常簡單，效果佳，能使血液循環順暢，持續進行就能使嘴唇恢復鮮艷的紅色。

●肌膚發黑——溫、冷雙重毛巾法

肌膚發黑的原因很多，例如用刷子摩擦而形成斑點也是其中之一。不過，如果早上能使肌膚生氣蓬勃，當然最好。

利用熱毛巾和冷毛巾敷臉，能使血液循環順暢，臉色復甦。

洗臉盆中裝熱水，擰乾毛巾。不被燙傷的秘訣是毛巾的中央泡在熱水中，擰的時候拿著兩端。但是鋪在臉上時太燙也不行。只要覺得熱熱的就夠了。鋪二至三分鐘後，毛巾冷卻了再更換。

用冷水浸泡毛巾，擰乾水分後鋪在臉上二至三分鐘，覺得非常冰涼。這種「熱」與「冷」的感覺很好。血管會慢慢擴張，然後用冷毛巾冷敷，使其緊繃。這個刺激能夠促進血液循環。尤其在早上半睡半醒時，具有清醒的效果。創造有彈性、血色很好的臉。反覆進行二次即可。

●臉的浮腫——一分鐘重點刺激

整個臉看起來浮腫時，緊急的處理方法就是美容點刺激。

浮腫的原因是水分積存，為了使水分的代謝順暢，必須使用眼睛周圍的美容點。

眼頭的美容點是將眉毛骨由下往上推似地按壓。也許會稍微疼痛，但是這

「一分鐘速效美容」使你的臉清爽

嘴唇的顏色蒼白時

為了使唇色好看，輕彈法很有效。用食指、中指、無名指三指好像彈鋼琴似地輕彈。

臉色發黑時

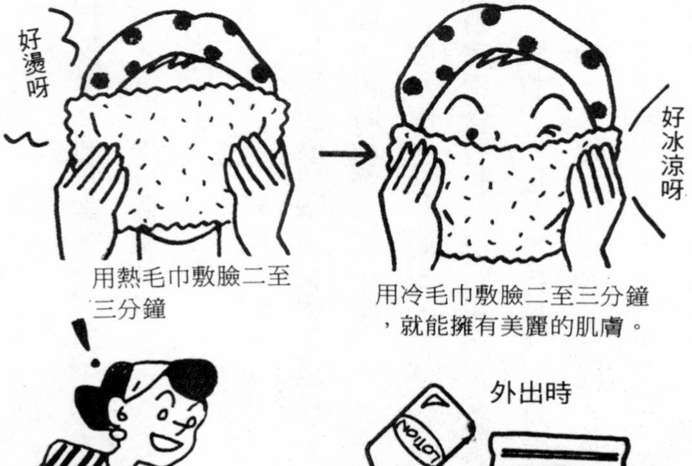

用熱毛巾敷臉二至三分鐘

用冷毛巾敷臉二至三分鐘，就能擁有美麗的肌膚。

外出時

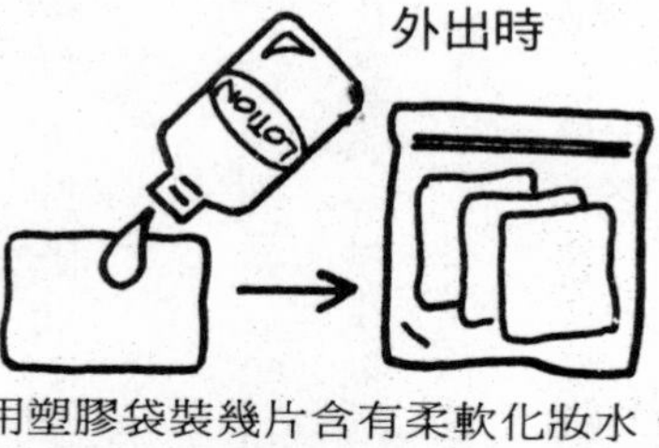

用塑膠袋裝幾片含有柔軟化妝水、收斂化妝水的化妝綿，隨身攜帶。重新補妝時非常方便。

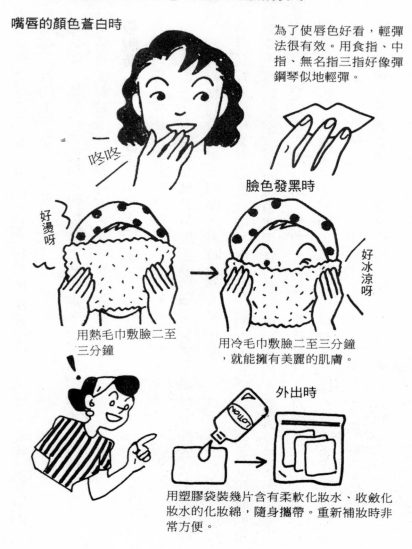

就表示你壓對了美容點。其次，也要按壓眼尾側面的美容點。最後是在眼頭、鼻子根部附近的美容點。

不管哪一個點，都要用中指按壓，同時數「一、二、三」(三秒三次)。這個做法對於去除浮腫有效，同時能使眼睛清晰。

●脫妝──分別使用二種化妝水

外出時你會使用何種化妝品呢？口紅、粉底、腮紅。

當然有很多，有時重新補妝後反而看起來更難看。塗抹太厚的妝而使粉底暈開，皮膚乾燥的情形更為明顯，這時最好重新化妝。

這時最好要使用含有柔軟化妝水與收斂化妝水的化妝綿。經過一段時間後鼻頭和下巴浮現油脂。這時必須使用含有收斂化妝水的化妝綿擦拭。不只能去除油脂，同時能緊縮皮膚、防止脫妝。然後再塗抹粉底，就非常漂亮了。

相反地，眼下及臉頰周圍乾燥，好像有小皺紋的部位水分不足，這時必須使用含有柔軟化妝水的化妝綿。在柔軟化妝水上滴二至三滴美容液更有效。

經過滋潤的肌膚上塗抹粉底或化妝，就能使肌膚重拾美麗。

2 速效美容……前日課程

以下是為了特別的明天而進行的課程。

「明天要開同學會，一定要仔細地護理才行。」

但是，該怎麼做才好呢？也許你不知道。敷臉、按摩都可以，但是如果弄錯可就糟糕了。因為是特別的日子，所以一定要用確實的方法進行護理。

以下介紹能迅速出現效果的確實方法。

●肌膚暗沈——蒸臉

最近肌膚暗沈，總覺得缺乏光彩……，這時就必須蒸臉，使毛細孔張開、促進皮膚的血液循環。利用比皮膚溫度稍熱的蒸氣蒸臉。

在家庭中可以簡單地進行。就是在洗臉盆中放入熱水，臉置於上方。或是直接將熱毛巾鋪在臉上也有效。

只要花二至三分鐘的時間，明天的肌膚一定和平常不同。溫熱的蒸氣能夠促進血液循環，使皮膚放鬆。

●肌膚乾燥——三分鐘化妝水敷臉

肌膚乾燥時皮膚暗沈，眼頭會出現小細紋。在這種狀態下，即使妝化得很美，也會給人一種「化濃妝來掩飾」的感覺。

只有在滋潤的肌膚上化妝才能顯出美麗。

這時可以利用化妝水敷面，充分補充水分。

薄薄地塗上美容液後，用沾有足夠化妝水的化妝綿鋪在臉上。等待時間為三分鐘（沒有時間時一分鐘也可以）。

或是利用沖洗型的保濕劑敷面也可以。

●嘴唇皸裂——油敷三分鐘

日曬後或冬天是嘴唇容易乾燥的時期。會出現皸裂或脫皮的現象。相信你有這樣的經驗，嘴唇乾燥時塗抹口紅也不美麗，而且顏色容易暈開。

以下介紹使嘴唇滑順的方法。

準備嘴唇霜或凡士林、甘油等，只要是含有油分的東西都可以。

塗抹在嘴唇上後，貼上保鮮膜，只要三分鐘就是即席敷唇法，可在短期間使嘴唇滋潤、滑潤。

●胸部、背部的護理——含有保濕劑的化妝水

穿著露出胸部或背部的衣服時，決定性的關鍵在於光滑的肌膚之美。

「明天決定大膽地穿露背裝」。

這一天當然不能忘記肌膚的護理。

泡個澡，仔細去除胸部和背部的皮脂和污垢。洗完澡後塗抹含有保濕劑的化妝水。即使塗抹潤膚乳，只有今天享受一下，背部和胸部一定要塗抹美容液。

第二天就能擁有滋潤光滑的肌膚。

但是，背部和胸部的皮脂分泌旺盛。如果直接塗抹潤膚乳或潤膚霜外出，容易造成污垢附著，所以早上出門之前必須先淋浴沖洗掉。

●手部乾燥——按摩加敷手

在餐廳飲茶或用餐時，非常明顯的就是手部。

即使塗抹了漂亮的指甲油，但是指尖的乾燥和手部的乾燥是難以隱藏的。

只要今晚實行，明天就能擁有光滑雙手的方法，就是敷手法。

首先將手浸泡在溫水中三至四分鐘，使皮膚柔軟。然後整隻手塗抹護手膏。這時不要忘記指甲也要塗抹。

然後一邊按壓美容點、一邊進行按摩。時間為三至五分鐘，再用保鮮膜包住手，或戴上手套，使護手霜滲透，就能擁有光滑的手。

3 特殊美容……一個月課程

「希望到這一天為止能夠創造最美麗的自已。」

女性總有特別的日子。例如結婚典禮、頭一次約會、大家一起去游泳。總之，一定有成為一生之回憶的重要日子。

為了這一天，在一週前、二週前、一個月前可以實行的特殊美容法。可以先訂立計畫，今天開始進行創造美麗自然肌膚的課程吧！

●刮臉——原則上二至三天前進行

國人不像歐美人一樣毛色很深，但是還是很在意口唇周圍和臉頰、眉毛附近長毛。想要擁有靈活的眼睛、清晰的嘴唇，當然小毛是一大阻礙。但是，不可以當天刮除。

利用刮鬍刀刮臉時，有沒有發現除了小毛以外，還有白白的東西一併被刮下來。刮鬍刀除了刮掉小毛之外，同時也刮除了皮膚表面的角質。皮膚較弱的人會因此而造成負擔。

因此，可能會引起肌膚乾燥，甚至以往用慣的化妝水和美容液，這時使用都會引起斑疹。如果是當天進行的話可就糟糕了。

刮臉一定要在重要日子的二至三天前進行。有了這段期間，角質就能恢復原狀。

偶爾刮臉的時機，則是泡過澡後，發燙的身體逐漸冷卻時，這時才能減少對於肌膚的刺激。

刮臉之後不要按摩，直接休息。

為了重要的日子創造「最佳肌膚」一個月美容課程

※以一個月後打算相親的ＯＬ為典型，設計美容課程

◎臉部美容　☆身體美容　◆敷手肘、膝、腳跟

★冷敷　■敷美容液（三分鐘）　◇蒸臉

日	一	二	三	四	五	六
每個星期天上健身房。 因為游泳而肌膚容易乾燥 ■（3分） ◆			一週已經過了一半，肌膚容易疲倦 ◇	明天要和朋友去Disco 敷唇	(早)■ （1分鐘） 星期五也容易上妝 和朋友去Disco	每個星期六去上英語會話班 去除一週的疲勞 ◎ ☆ ↓ ★
健身房 ■ ◆	依照先前的約定從星期四開始去旅行 脫毛（腋下和比基尼線）		明天就要去旅行了，一定要好好地護理肌膚 ◇ ■ 敷手和指甲 ↓ 擦指甲油	相親之前絕對不能曬黑！一定要遮斷紫外線 取得休假，在渡假地打網球、游泳 ←→		發燙的臉和身體 ★ 乾燥的嘴唇 敷唇
因為疲勞，所以沒有前往健身房 ■ ◆		前往卡拉OK？和朋友一起喝酒	◇	最近吃得太多，腰部附近一定要進行集中式按摩	(早)■ （1分鐘） ☆ ↙ ★	英語會話班 ↓ 看電影
健身房 ◎ ↓ 敷手和指甲		■ 即將相親了！ 還剩2.3天，必須趕緊做最後的修飾	■ 脫毛（手和腳、腋下）	刮臉 ↓ ★ 因為刮臉而肌膚敏感，所以不敷美容液，利用冷敷的方式使肌膚沈靜	■◎ ☆ 敷手和指甲 ↓ 擦指甲油 相親前一天較興奮	今天是相親日 (早)■ （1分鐘） 這樣子最容易上妝……

●脫毛——原則上三天前進行

脫毛霜、石臘、脫色、刮毛刀……任何方法，對於雜毛的處理都會造成肌膚的負擔。脫毛前必須計算肌膚的恢復期間，所以在三天前就必須完成。尤其要前往海邊時。

「唉呀！一定要讓比基尼線美麗才行。」

當天早上慌慌張張地脫毛，可能很危險。受損的毛細孔因為海水和游泳池的雜菌進入，容易發炎。

比基尼線或腋下是非常敏感的部分。

處理雜毛後，只要使用刺激較少的乳液或乳霜就可以了。不要塗抹其他東西，等待肌膚復原。

●肌膚的疲勞——每天敷美容液

「和大家一起參加宴會直到三更半夜，肌膚容易乾燥。」

「因為太累而未卸妝。整晚都化著妝睡覺，肌膚乾燥。」

有時會出現這種失敗的情形。結婚或就職後，因為交際應酬或工作忙碌，即使想重視肌膚，有時候也辦不到。反而有許多增加肌膚疲勞的機會。

這時，如果肌膚的疲勞明顯，只在乾燥的部分每晚持續使用美容液敷臉。而乾燥特別嚴重時，必須持續三天。一定要學會這個緊急處置法。

但是，如果持續了三天，皮膚還是很乾燥或發紅、發癢時，則可能是過敏，必須趕緊前往皮膚科接受治療。趕緊護理才不會引起大問題。

●本書所介紹各項化粧品及內容詢問請洽左列地址：
〒150　日本國東京都渋谷區惠比壽1—7—13
Dr. マノメディカル　クリニック、サロン
電話：03—3461—4610

大展出版社有限公司　圖書目錄

地址：台北市北投區(石牌)　致遠一路二段 12 巷 1 號
電話：(02)28236031　28236033
郵撥：0166955～1
傳真：(02)28272069

・法律專欄連載・電腦編號 58

台大法學院　法律學系／策劃
法律服務社／編著

1. 別讓您的權利睡著了 ①		200 元
2. 別讓您的權利睡著了 ②		200 元

・秘傳占卜系列・電腦編號 14

1. 手相術	淺野八郎著	150 元
2. 人相術	淺野八郎著	150 元
3. 西洋占星術	淺野八郎著	150 元
4. 中國神奇占卜	淺野八郎著	150 元
5. 夢判斷	淺野八郎著	150 元
6. 前世、來世占卜	淺野八郎著	150 元
7. 法國式血型學	淺野八郎著	150 元
8. 靈感、符咒學	淺野八郎著	150 元
9. 紙牌占卜學	淺野八郎著	150 元
10. ESP 超能力占卜	淺野八郎著	150 元
11. 猶太數的秘術	淺野八郎著	150 元
12. 新心理測驗	淺野八郎著	160 元
13. 塔羅牌預言秘法	淺野八郎著	200 元

・趣味心理講座・電腦編號 15

1. 性格測驗① 探索男與女	淺野八郎著	140 元
2. 性格測驗② 透視人心奧秘	淺野八郎著	140 元
3. 性格測驗③ 發現陌生的自己	淺野八郎著	140 元
4. 性格測驗④ 發現你的真面目	淺野八郎著	140 元
5. 性格測驗⑤ 讓你們吃驚	淺野八郎著	140 元
6. 性格測驗⑥ 洞穿心理盲點	淺野八郎著	140 元
7. 性格測驗⑦ 探索對方心理	淺野八郎著	140 元
8. 性格測驗⑧ 由吃認識自己	淺野八郎著	160 元
9. 性格測驗⑨ 戀愛知多少	淺野八郎著	160 元
10. 性格測驗⑩ 由裝扮瞭解人心	淺野八郎著	160 元

11. 性格測驗⑪ 敲開內心玄機　淺野八郎著　140元
12. 性格測驗⑫ 透視你的未來　淺野八郎著　160元
13. 血型與你的一生　淺野八郎著　160元
14. 趣味推理遊戲　淺野八郎著　160元
15. 行為語言解析　淺野八郎著　160元

·婦 幼 天 地· 電腦編號 16

1. 八萬人減肥成果　黃靜香譯　180元
2. 三分鐘減肥體操　楊鴻儒譯　150元
3. 窈窕淑女美髮秘訣　柯素娥譯　130元
4. 使妳更迷人　成　玉譯　130元
5. 女性的更年期　官舒姸編譯　160元
6. 胎內育兒法　李玉瓊編譯　150元
7. 早產兒袋鼠式護理　唐岱蘭譯　200元
8. 初次懷孕與生產　婦幼天地編譯組　180元
9. 初次育兒12個月　婦幼天地編譯組　180元
10. 斷乳食與幼兒食　婦幼天地編譯組　180元
11. 培養幼兒能力與性向　婦幼天地編譯組　180元
12. 培養幼兒創造力的玩具與遊戲　婦幼天地編譯組　180元
13. 幼兒的症狀與疾病　婦幼天地編譯組　180元
14. 腿部苗條健美法　婦幼天地編譯組　180元
15. 女性腰痛別忽視　婦幼天地編譯組　150元
16. 舒展身心體操術　李玉瓊編譯　130元
17. 三分鐘臉部體操　趙薇妮著　160元
18. 生動的笑容表情術　趙薇妮著　160元
19. 心曠神怡減肥法　川津祐介著　130元
20. 內衣使妳更美麗　陳玄茹譯　130元
21. 瑜伽美姿美容　黃靜香編著　180元
22. 高雅女性裝扮學　陳珮玲譯　180元
23. 蠶糞肌膚美顏法　坂梨秀子著　160元
24. 認識妳的身體　李玉瓊譯　160元
25. 產後恢復苗條體態　居理安·芙萊喬著　200元
26. 正確護髮美容法　山崎伊久江著　180元
27. 安琪拉美姿養生學　安琪拉蘭斯博瑞著　180元
28. 女體性醫學剖析　增田豐著　220元
29. 懷孕與生產剖析　岡部綾子著　180元
30. 斷奶後的健康育兒　東城百合子著　220元
31. 引出孩子幹勁的責罵藝術　多湖輝著　170元
32. 培養孩子獨立的藝術　多湖輝著　170元
33. 子宮肌瘤與卵巢囊腫　陳秀琳編著　180元
34. 下半身減肥法　納他夏·史達賓著　180元
35. 女性自然美容法　吳雅菁編著　180元
36. 再也不發胖　池園悅太郎著　170元

37. 生男生女控制術　中垣勝裕著　220 元
38. 使妳的肌膚更亮麗　楊　皓編著　170 元
39. 臉部輪廓變美　芝崎義夫著　180 元
40. 斑點、皺紋自己治療　高須克彌著　180 元
41. 面皰自己治療　伊藤雄康著　180 元
42. 隨心所欲瘦身冥想法　原久子著　180 元
43. 胎兒革命　鈴木丈織著　180 元
44. NS 磁氣平衡法塑造窈窕奇蹟　古屋和江著　180 元
45. 享瘦從腳開始　山田陽子著　180 元
46. 小改變瘦 4 公斤　宮本裕子著　180 元
47. 軟管減肥瘦身　高橋輝男著　180 元
48. 海藻精神秘美容法　劉名揚編著　180 元
49. 肌膚保養與脫毛　鈴木真理著　180 元
50. 10 天減肥 3 公斤　彤雲編輯組　180 元

・青春天地・電腦編號 17

1. A 血型與星座　柯素娥編譯　160 元
2. B 血型與星座　柯素娥編譯　160 元
3. O 血型與星座　柯素娥編譯　160 元
4. AB 血型與星座　柯素娥編譯　120 元
5. 青春期性教室　呂貴嵐編譯　130 元
6. 事半功倍讀書法　王毅希編譯　150 元
7. 難解數學破題　宋釗宜編譯　130 元
8. 速算解題技巧　宋釗宜編譯　130 元
9. 小論文寫作秘訣　林顯茂編譯　120 元
11. 中學生野外遊戲　熊谷康編著　120 元
12. 恐怖極短篇　柯素娥編譯　130 元
13. 恐怖夜話　小毛驢編譯　130 元
14. 恐怖幽默短篇　小毛驢編譯　120 元
15. 黑色幽默短篇　小毛驢編譯　120 元
16. 靈異怪談　小毛驢編譯　130 元
17. 錯覺遊戲　小毛驢編著　130 元
18. 整人遊戲　小毛驢編著　150 元
19. 有趣的超常識　柯素娥編譯　130 元
20. 哦！原來如此　林慶旺編譯　130 元
21. 趣味競賽 100 種　劉名揚編譯　120 元
22. 數學謎題入門　宋釗宜編譯　150 元
23. 數學謎題解析　宋釗宜編譯　150 元
24. 透視男女心理　林慶旺編譯　120 元
25. 少女情懷的自白　李桂蘭編譯　120 元
26. 由兄弟姊妹看命運　李玉瓊編譯　130 元
27. 趣味的科學魔術　林慶旺編譯　150 元

28. 趣味的心理實驗室	李燕玲編譯	150元
29. 愛與性心理測驗	小毛驢編譯	130元
30. 刑案推理解謎	小毛驢編譯	130元
31. 偵探常識推理	小毛驢編譯	130元
32. 偵探常識解謎	小毛驢編譯	130元
33. 偵探推理遊戲	小毛驢編譯	130元
34. 趣味的超魔術	廖玉山編著	150元
35. 趣味的珍奇發明	柯素娥編著	150元
36. 登山用具與技巧	陳瑞菊編著	150元

・健康天地・電腦編號 18

1. 壓力的預防與治療	柯素娥編譯	130元
2. 超科學氣的魔力	柯素娥編譯	130元
3. 尿療法治病的神奇	中尾良一著	130元
4. 鐵證如山的尿療法奇蹟	廖玉山譯	120元
5. 一日斷食健康法	葉慈容編譯	150元
6. 胃部強健法	陳炳崑譯	120元
7. 癌症早期檢查法	廖松濤譯	160元
8. 老人痴呆症防止法	柯素娥編譯	130元
9. 松葉汁健康飲料	陳麗芬編譯	130元
10. 揉肚臍健康法	永井秋夫著	150元
11. 過勞死、猝死的預防	卓秀貞編譯	130元
12. 高血壓治療與飲食	藤山順豐著	150元
13. 老人看護指南	柯素娥編譯	150元
14. 美容外科淺談	楊啟宏著	150元
15. 美容外科新境界	楊啟宏著	150元
16. 鹽是天然的醫生	西英司郎著	140元
17. 年輕十歲不是夢	梁瑞麟譯	200元
18. 茶料理治百病	桑野和民著	180元
19. 綠茶治病寶典	桑野和民著	150元
20. 杜仲茶養顏減肥法	西田博著	150元
21. 蜂膠驚人療效	瀨長良三郎著	180元
22. 蜂膠治百病	瀨長良三郎著	180元
23. 醫藥與生活(一)	鄭炳全著	180元
24. 鈣長生寶典	落合敏著	180元
25. 大蒜長生寶典	木下繁太郎著	160元
26. 居家自我健康檢查	石川恭三著	160元
27. 永恆的健康人生	李秀鈴譯	200元
28. 大豆卵磷脂長生寶典	劉雪卿譯	150元
29. 芳香療法	梁艾琳譯	160元
30. 醋長生寶典	柯素娥譯	180元
31. 從星座透視健康	席拉・吉蒂斯著	180元
32. 愉悅自在保健學	野本二士夫著	160元

33. 裸睡健康法	丸山淳士等著	160 元
34. 糖尿病預防與治療	藤田順豐著	180 元
35. 維他命長生寶典	菅原明子著	180 元
36. 維他命 C 新效果	鐘文訓編	150 元
37. 手、腳病理按摩	堤芳朗著	160 元
38. AIDS 瞭解與預防	彼得塔歇爾著	180 元
39. 甲殼質殼聚糖健康法	沈永嘉譯	160 元
40. 神經痛預防與治療	木下真男著	160 元
41. 室內身體鍛鍊法	陳炳崑編著	160 元
42. 吃出健康藥膳	劉大器編著	180 元
43. 自我指壓術	蘇燕謀編著	160 元
44. 紅蘿蔔汁斷食療法	李玉瓊編著	150 元
45. 洗心術健康秘法	竺翠萍編譯	170 元
46. 枇杷葉健康療法	柯素娥編譯	180 元
47. 抗衰血癒	楊啟宏著	180 元
48. 與癌搏鬥記	逸見政孝著	180 元
49. 冬蟲夏草長生寶典	高橋義博著	170 元
50. 痔瘡・大腸疾病先端療法	宮島伸宜著	180 元
51. 膠布治癒頑固慢性病	加瀨建造著	180 元
52. 芝麻神奇健康法	小林貞作著	170 元
53. 香煙能防止癡呆？	高田明和著	180 元
54. 穀菜食治癌療法	佐藤成志著	180 元
55. 貼藥健康法	松原英多著	180 元
56. 克服癌症調和道呼吸法	帶津良一著	180 元
57. B 型肝炎預防與治療	野村喜重郎著	180 元
58. 青春永駐養生導引術	早島正雄著	180 元
59. 改變呼吸法創造健康	原久子著	180 元
60. 荷爾蒙平衡養生秘訣	出村博著	180 元
61. 水美肌健康法	井戶勝富著	170 元
62. 認識食物掌握健康	廖梅珠編著	170 元
63. 痛風劇痛消除法	鈴木吉彥著	180 元
64. 酸莖菌驚人療效	上田明彥著	180 元
65. 大豆卵磷脂治現代病	神津健一著	200 元
66. 時辰療法—危險時刻凌晨 4 時	呂建強等著	180 元
67. 自然治癒力提升法	帶津良一著	180 元
68. 巧妙的氣保健法	藤平墨子著	180 元
69. 治癒 C 型肝炎	熊田博光著	180 元
70. 肝臟病預防與治療	劉名揚編著	180 元
71. 腰痛平衡療法	荒井政信著	180 元
72. 根治多汗症、狐臭	稻葉益巳著	220 元
73. 40 歲以後的骨質疏鬆症	沈永嘉譯	180 元
74. 認識中藥	松下一成著	180 元
75. 認識氣的科學	佐佐木茂美著	180 元
76. 我戰勝了癌症	安田伸著	180 元

77. 斑點是身心的危險信號	中野進著	180 元
78. 艾波拉病毒大震撼	玉川重德著	180 元
79. 重新還我黑髮	桑名隆一郎著	180 元
80. 身體節律與健康	林博史著	180 元
81. 生薑治萬病	石原結實著	180 元
82. 靈芝治百病	陳瑞東著	180 元
83. 木炭驚人的威力	大槻彰著	200 元
84. 認識活性氧	井土貴司著	180 元
85. 深海鮫治百病	廖玉山編著	180 元
86. 神奇的蜂王乳	井上丹治著	180 元
87. 卡拉 OK 健腦法	東潔著	180 元
88. 卡拉 OK 健康法	福田伴男著	180 元
89. 醫藥與生活㈡	鄭炳全著	200 元
90. 洋蔥治百病	宮尾興平著	180 元

・實用女性學講座・電腦編號 19

1. 解讀女性內心世界	島田一男著	150 元
2. 塑造成熟的女性	島田一男著	150 元
3. 女性整體裝扮學	黃靜香編著	180 元
4. 女性應對禮儀	黃靜香編著	180 元
5. 女性婚前必修	小野十傳著	200 元
6. 徹底瞭解女人	田口二州著	180 元
7. 拆穿女性謊言 88 招	島田一男著	200 元
8. 解讀女人心	島田一男著	200 元
9. 俘獲女性絕招	志賀貢著	200 元
10. 愛情的壓力解套	中村理英子著	200 元

・校園系列・電腦編號 20

1. 讀書集中術	多湖輝著	150 元
2. 應考的訣竅	多湖輝著	150 元
3. 輕鬆讀書贏得聯考	多湖輝著	150 元
4. 讀書記憶秘訣	多湖輝著	150 元
5. 視力恢復!超速讀術	江錦雲譯	180 元
6. 讀書 36 計	黃柏松編著	180 元
7. 驚人的速讀術	鐘文訓編著	170 元
8. 學生課業輔導良方	多湖輝著	180 元
9. 超速讀超記憶法	廖松濤編著	180 元
10. 速算解題技巧	宋釗宜編著	200 元
11. 看圖學英文	陳炳崑編著	200 元
12. 讓孩子最喜歡數學	沈永嘉譯	180 元

・實用心理學講座・電腦編號 21

1.	拆穿欺騙伎倆	多湖輝著	140 元
2.	創造好構想	多湖輝著	140 元
3.	面對面心理術	多湖輝著	160 元
4.	偽裝心理術	多湖輝著	140 元
5.	透視人性弱點	多湖輝著	140 元
6.	自我表現術	多湖輝著	180 元
7.	不可思議的人性心理	多湖輝著	180 元
8.	催眠術入門	多湖輝著	150 元
9.	責罵部屬的藝術	多湖輝著	150 元
10.	精神力	多湖輝著	150 元
11.	厚黑說服術	多湖輝著	150 元
12.	集中力	多湖輝著	150 元
13.	構想力	多湖輝著	150 元
14.	深層心理術	多湖輝著	160 元
15.	深層語言術	多湖輝著	160 元
16.	深層說服術	多湖輝著	180 元
17.	掌握潛在心理	多湖輝著	160 元
18.	洞悉心理陷阱	多湖輝著	180 元
19.	解讀金錢心理	多湖輝著	180 元
20.	拆穿語言圈套	多湖輝著	180 元
21.	語言的內心玄機	多湖輝著	180 元
22.	積極力	多湖輝著	180 元

・超現實心理講座・電腦編號 22

1.	超意識覺醒法	詹蔚芬編譯	130 元
2.	護摩秘法與人生	劉名揚編譯	130 元
3.	秘法！超級仙術入門	陸明譯	150 元
4.	給地球人的訊息	柯素娥編著	150 元
5.	密教的神通力	劉名揚編著	130 元
6.	神秘奇妙的世界	平川陽一著	180 元
7.	地球文明的超革命	吳秋嬌譯	200 元
8.	力量石的秘密	吳秋嬌譯	180 元
9.	超能力的靈異世界	馬小莉譯	200 元
10.	逃離地球毀滅的命運	吳秋嬌譯	200 元
11.	宇宙與地球終結之謎	南山宏著	200 元
12.	驚世奇功揭秘	傅起鳳著	200 元
13.	啟發身心潛力心象訓練法	栗田昌裕著	180 元
14.	仙道術遁甲法	高藤聰一郎著	220 元
15.	神通力的秘密	中岡俊哉著	180 元
16.	仙人成仙術	高藤聰一郎著	200 元

17. 仙道符咒氣功法　高藤聰一郎著　220 元
18. 仙道風水術尋龍法　高藤聰一郎著　200 元
19. 仙道奇蹟超幻像　高藤聰一郎著　200 元
20. 仙道鍊金術房中法　高藤聰一郎著　200 元
21. 奇蹟超醫療治癒難病　深野一幸著　220 元
22. 揭開月球的神秘力量　超科學研究會　180 元
23. 西藏密教奧義　高藤聰一郎著　250 元
24. 改變你的夢術入門　高藤聰一郎著　250 元

·養生保健· 電腦編號 23

1. 醫療養生氣功　黃孝寬著　250 元
2. 中國氣功圖譜　余功保著　230 元
3. 少林醫療氣功精粹　井玉蘭著　250 元
4. 龍形實用氣功　吳大才等著　220 元
5. 魚戲增視強身氣功　宮　嬰著　220 元
6. 嚴新氣功　前新培金著　250 元
7. 道家玄牝氣功　張　章著　200 元
8. 仙家秘傳袪病功　李遠國著　160 元
9. 少林十大健身功　秦慶豐著　180 元
10. 中國自控氣功　張明武著　250 元
11. 醫療防癌氣功　黃孝寬著　250 元
12. 醫療強身氣功　黃孝寬著　250 元
13. 醫療點穴氣功　黃孝寬著　250 元
14. 中國八卦如意功　趙維漢著　180 元
15. 正宗馬禮堂養氣功　馬禮堂著　420 元
16. 秘傳道家筋經內丹功　王慶餘著　280 元
17. 三元開慧功　辛桂林著　250 元
18. 防癌治癌新氣功　郭　林著　180 元
19. 禪定與佛家氣功修煉　劉天君著　200 元
20. 顛倒之術　梅自強著　360 元
21. 簡明氣功辭典　吳家駿編　360 元
22. 八卦三合功　張全亮著　230 元
23. 朱砂掌健身養生功　楊永著　250 元
24. 抗老功　陳九鶴著　230 元
25. 意氣按穴排濁自療法　黃啟運編著　250 元

·社會人智囊· 電腦編號 24

1. 糾紛談判術　清水增三著　160 元
2. 創造關鍵術　淺野八郎著　150 元
3. 觀人術　淺野八郎著　180 元
4. 應急詭辯術　廖英迪編著　160 元

5. 天才家學習術	木原武一著	160元
6. 貓型狗式鑑人術	淺野八郎著	180元
7. 逆轉運掌握術	淺野八郎著	180元
8. 人際圓融術	澀谷昌三著	160元
9. 解讀人心術	淺野八郎著	180元
10. 與上司水乳交融術	秋元隆司著	180元
11. 男女心態定律	小田晉著	180元
12. 幽默說話術	林振輝編著	200元
13. 人能信賴幾分	淺野八郎著	180元
14. 我一定能成功	李玉瓊譯	180元
15. 獻給青年的嘉言	陳蒼杰譯	180元
16. 知人、知面、知其心	林振輝編著	180元
17. 塑造堅強的個性	坂上肇著	180元
18. 為自己而活	佐藤綾子著	180元
19. 未來十年與愉快生活有約	船井幸雄著	180元
20. 超級銷售話術	杜秀卿譯	180元
21. 感性培育術	黃靜香編著	180元
22. 公司新鮮人的禮儀規範	蔡媛惠譯	180元
23. 傑出職員鍛鍊術	佐佐木正著	180元
24. 面談獲勝戰略	李芳黛譯	180元
25. 金玉良言撼人心	森純大著	180元
26. 男女幽默趣典	劉華亭編著	180元
27. 機智說話術	劉華亭編著	180元
28. 心理諮商室	柯素娥譯	180元
29. 如何在公司崢嶸頭角	佐佐木正著	180元
30. 機智應對術	李玉瓊編著	200元
31. 克服低潮良方	坂野雄二著	180元
32. 智慧型說話技巧	沈永嘉編著	180元
33. 記憶力、集中力增進術	廖松濤編著	180元
34. 女職員培育術	林慶旺編著	180元
35. 自我介紹與社交禮儀	柯素娥編著	180元
36. 積極生活創幸福	田中真澄著	180元
37. 妙點子超構想	多湖輝著	180元
38. 說 NO 的技巧	廖玉山編著	180元
39. 一流說服力	李玉瓊編著	180元
40. 般若心經成功哲學	陳鴻蘭編著	180元
41. 訪問推銷術	黃靜香編著	180元
42. 男性成功秘訣	陳蒼杰編著	180元

・精 選 系 列・電腦編號 25

1. 毛澤東與鄧小平	渡邊利夫等著	280元
2. 中國大崩裂	江戶介雄著	180元
3. 台灣・亞洲奇蹟	上村幸治著	220元

4.	7-ELEVEN 高盈收策略	國友隆一著	180 元
5.	台灣獨立（新・中國日本戰爭一）	森詠著	200 元
6.	迷失中國的末路	江戶雄介著	220 元
7.	2000 年 5 月全世界毀滅	紫藤甲子男著	180 元
8.	失去鄧小平的中國	小島朋之著	220 元
9.	世界史爭議性異人傳	桐生操著	200 元
10.	淨化心靈享人生	松濤弘道著	220 元
11.	人生心情診斷	賴藤和寬著	220 元
12.	中美大決戰	檜山良昭著	220 元
13.	黃昏帝國美國	莊雯琳譯	220 元
14.	兩岸衝突（新・中國日本戰爭二）	森詠著	220 元
15.	封鎖台灣（新・中國日本戰爭三）	森詠著	220 元
16.	中國分裂（新・中國日本戰爭四）	森詠著	220 元
17.	由女變男的我	虎井正衛著	200 元
18.	佛學的安心立命	松濤弘道著	220 元

・運動遊戲・電腦編號 26

1.	雙人運動	李玉瓊譯	160 元
2.	愉快的跳繩運動	廖玉山譯	180 元
3.	運動會項目精選	王佑京譯	150 元
4.	肋木運動	廖玉山譯	150 元
5.	測力運動	王佑宗譯	150 元
6.	游泳入門	唐桂萍編著	200 元

・休閒娛樂・電腦編號 27

1.	海水魚飼養法	田中智浩著	300 元
2.	金魚飼養法	曾雪玫譯	250 元
3.	熱門海水魚	毛利匡明著	480 元
4.	愛犬的教養與訓練	池田好雄著	250 元
5.	狗教養與疾病	杉浦哲著	220 元
6.	小動物養育技巧	三上昇著	300 元
20.	園藝植物管理	船越亮二著	200 元

・銀髮族智慧學・電腦編號 28

1.	銀髮六十樂逍遙	多湖輝著	170 元
2.	人生六十反年輕	多湖輝著	170 元
3.	六十歲的決斷	多湖輝著	170 元
4.	銀髮族健身指南	孫瑞台編著	250 元

・飲食保健・電腦編號 29

1.	自己製作健康茶	大海淳著	220 元
2.	好吃、具藥效茶料理	德永睦子著	220 元
3.	改善慢性病健康藥草茶	吳秋嬌譯	200 元
4.	藥酒與健康果菜汁	成玉編著	250 元
5.	家庭保健養生湯	馬汴梁編著	220 元
6.	降低膽固醇的飲食	早川和志著	200 元
7.	女性癌症的飲食	女子營養大學	280 元
8.	痛風者的飲食	女子營養大學	280 元
9.	貧血者的飲食	女子營養大學	280 元
10.	高脂血症者的飲食	女子營養大學	280 元
11.	男性癌症的飲食	女子營養大學	280 元
12.	過敏者的飲食	女子營養大學	280 元
13.	心臟病的飲食	女子營養大學	280 元

・家庭醫學保健・電腦編號 30

1.	女性醫學大全	雨森良彥著	380 元
2.	初為人父育兒寶典	小瀧周曹著	220 元
3.	性活力強健法	相建華著	220 元
4.	30 歲以上的懷孕與生產	李芳黛編著	220 元
5.	舒適的女性更年期	野末悅子著	200 元
6.	夫妻前戲的技巧	笠井寬司著	200 元
7.	病理足穴按摩	金慧明著	220 元
8.	爸爸的更年期	河野孝旺著	200 元
9.	橡皮帶健康法	山田晶著	180 元
10.	三十三天健美減肥	相建華等著	180 元
11.	男性健美入門	孫玉祿編著	180 元
12.	強化肝臟秘訣	主婦の友社編	200 元
13.	了解藥物副作用	張果馨譯	200 元
14.	女性醫學小百科	松山榮吉著	200 元
15.	左轉健康法	龜田修等著	200 元
16.	實用天然藥物	鄭炳全編著	260 元
17.	神秘無痛平衡療法	林宗駛著	180 元
18.	膝蓋健康法	張果馨譯	180 元
19.	針灸治百病	葛書翰著	250 元
20.	異位性皮膚炎治癒法	吳秋嬌譯	220 元
21.	禿髮白髮預防與治療	陳炳崑編著	180 元
22.	埃及皇宮菜健康法	飯森薰著	200 元
23.	肝臟病安心治療	上野幸久著	220 元
24.	耳穴治百病	陳抗美等著	250 元
25.	高效果指壓法	五十嵐康彥著	200 元

26. 瘦水、胖水　鈴木園子著　200元
27. 手針新療法　朱振華著　200元
28. 香港腳預防與治療　劉小惠譯　200元
29. 智慧飲食吃出健康　柯富陽編著　200元
30. 牙齒保健法　廖玉山編著　200元
31. 恢復元氣養生食　張果馨譯　200元
32. 特效推拿按摩術　李玉田著　200元
33. 一週一次健康法　若狹真著　200元
34. 家常科學膳食　大塚滋著　200元
35. 夫妻們關心的男性不孕　原利夫著　220元
36. 自我瘦身美容　馬野詠子著　200元
37. 魔法姿勢益健康　五十嵐康彥著　200元
38. 眼病錘療法　馬栩周著　200元
39. 預防骨質疏鬆症　藤田拓男著　200元
40. 骨質增生效驗方　李吉茂編著　250元

・超經營新智慧・電腦編號 31

1. 躍動的國家越南　林雅倩譯　250元
2. 甦醒的小龍菲律賓　林雅倩譯　220元
3. 中國的危機與商機　中江要介著　250元
4. 在印度的成功智慧　山內利男著　220元
5. 7-ELEVEN 大革命　村上豐道著　200元

・心 靈 雅 集・電腦編號 00

1. 禪言佛語看人生　松濤弘道著　180元
2. 禪密教的奧秘　葉逯謙譯　120元
3. 觀音大法力　田口日勝著　120元
4. 觀音法力的大功德　田口日勝著　120元
5. 達摩禪 106 智慧　劉華亭編譯　220元
6. 有趣的佛教研究　葉逯謙編譯　170元
7. 夢的開運法　蕭京凌譯　130元
8. 禪學智慧　柯素娥編譯　130元
9. 女性佛教入門　許俐萍譯　110元
10. 佛像小百科　心靈雅集編譯組　130元
11. 佛教小百科趣談　心靈雅集編譯組　120元
12. 佛教小百科漫談　心靈雅集編譯組　150元
13. 佛教知識小百科　心靈雅集編譯組　150元
14. 佛學名言智慧　松濤弘道著　220元
15. 釋迦名言智慧　松濤弘道著　220元
16. 活人禪　平田精耕著　120元
17. 坐禪入門　柯素娥編譯　150元

18. 現代禪悟	柯素娥編譯	130 元
19. 道元禪師語錄	心靈雅集編譯組	130 元
20. 佛學經典指南	心靈雅集編譯組	130 元
21. 何謂「生」阿含經	心靈雅集編譯組	150 元
22. 一切皆空　般若心經	心靈雅集編譯組	180 元
23. 超越迷惘　法句經	心靈雅集編譯組	130 元
24. 開拓宇宙觀　華嚴經	心靈雅集編譯組	180 元
25. 真實之道　法華經	心靈雅集編譯組	130 元
26. 自由自在　涅槃經	心靈雅集編譯組	130 元
27. 沈默的教示　維摩經	心靈雅集編譯組	150 元
28. 開通心眼　佛語佛戒	心靈雅集編譯組	130 元
29. 揭秘寶庫　密教經典	心靈雅集編譯組	180 元
30. 坐禪與養生	廖松濤譯	110 元
31. 釋尊十戒	柯素娥編譯	120 元
32. 佛法與神通	劉欣如編著	120 元
33. 悟（正法眼藏的世界）	柯素娥編譯	120 元
34. 只管打坐	劉欣如編著	120 元
35. 喬答摩・佛陀傳	劉欣如編著	120 元
36. 唐玄奘留學記	劉欣如編著	120 元
37. 佛教的人生觀	劉欣如編譯	110 元
38. 無門關(上卷)	心靈雅集編譯組	150 元
39. 無門關(下卷)	心靈雅集編譯組	150 元
40. 業的思想	劉欣如編著	130 元
41. 佛法難學嗎	劉欣如著	140 元
42. 佛法實用嗎	劉欣如著	140 元
43. 佛法殊勝嗎	劉欣如著	140 元
44. 因果報應法則	李常傳編	180 元
45. 佛教醫學的奧秘	劉欣如編著	150 元
46. 紅塵絕唱	海　若著	130 元
47. 佛教生活風情	洪丕謨、姜玉珍著	220 元
48. 行住坐臥有佛法	劉欣如著	160 元
49. 起心動念是佛法	劉欣如著	160 元
50. 四字禪語	曹洞宗青年會	200 元
51. 妙法蓮華經	劉欣如編著	160 元
52. 根本佛教與大乘佛教	葉作森編	180 元
53. 大乘佛經	定方晟著	180 元
54. 須彌山與極樂世界	定方晟著	180 元
55. 阿闍世的悟道	定方晟著	180 元
56. 金剛經的生活智慧	劉欣如著	180 元
57. 佛教與儒教	劉欣如編譯	180 元
58. 佛教史入門	劉欣如編譯	180 元
59. 印度佛教思想史	劉欣如編譯	200 元

國家圖書館出版品預行編目資料

自我瘦身美容／馬野詠子著，劉小惠編譯
－初版－臺北市，大展，民 87
面；21 公分－（家庭醫學保健；36）
譯自：ひとりでやるエステティツク
ISBN 957-557-852-X（平裝）
1. 皮膚-保養　2. 美容　3. 化粧品
424.3　87010400

自我瘦身美容

ISBN 957-557-852-X

原 著 者／馬 野 詠 子
編 譯 者／劉　小　惠
發 行 人／蔡　森　明
出 版 者／大展出版社有限公司
社　　址／台北市北投區（石牌）致遠一路 2 段 12 巷 1 號
電　　話／(02) 28236031・28236033
傳　　真／(02) 28272069
郵政劃撥／0166955—1
登 記 證／局版臺業字第 2171 號
承 印 者／高星企業有限公司
裝　　訂／日新裝訂所
排 版 者／千兵企業有限公司
電　　話／(02) 28812643
初版 1 刷／1998 年（民 87 年）8 月

定　　價／200 元

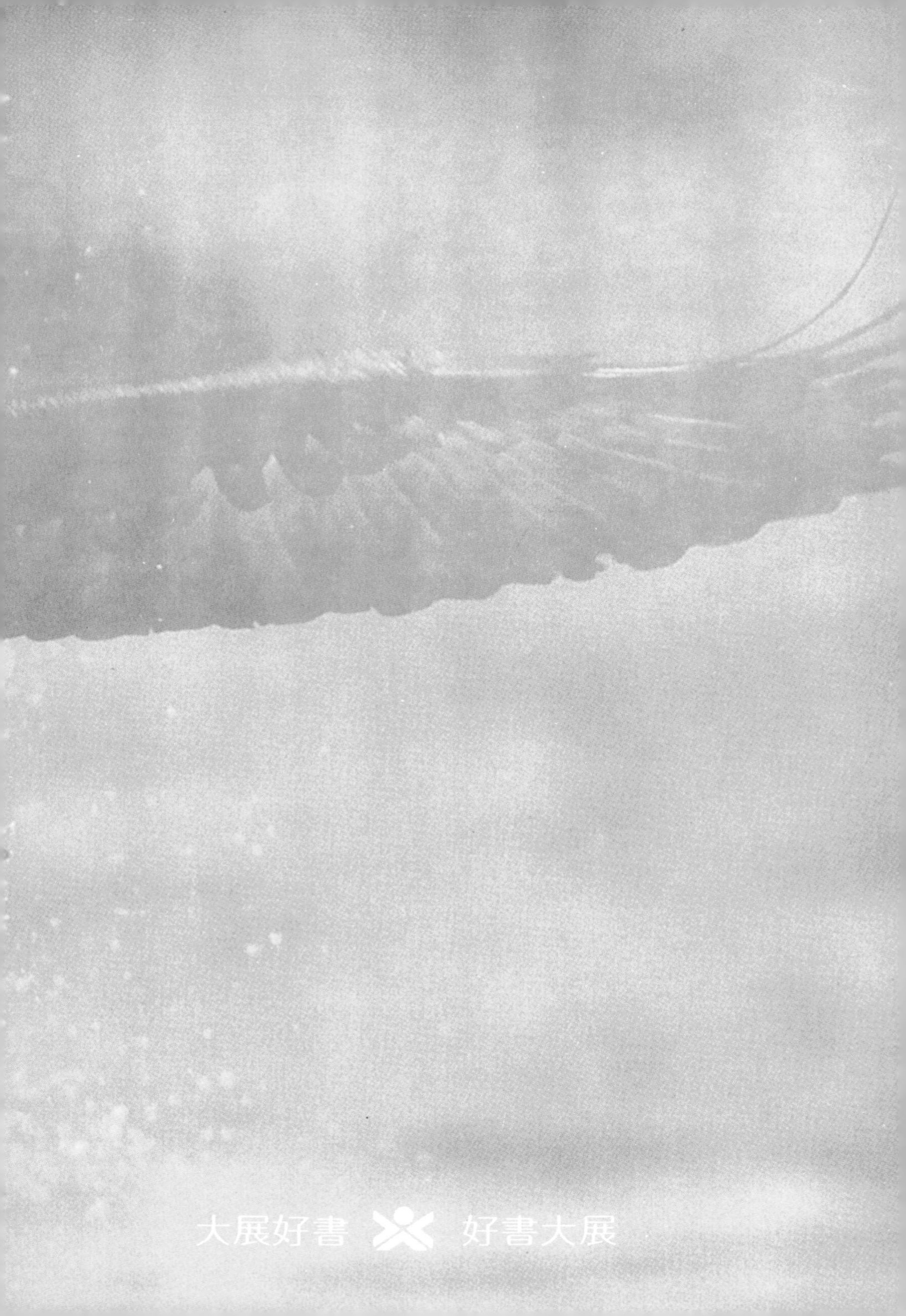
大展好書 好書大展

大展好書 好書大展